Rechnergestützte Gestaltungsvorgaben und Dialogbausteine für grafische Benutzungsschnittstellen

Von der Fakultät Konstruktions- und Fertigungstechnik der Universität Stuttgart
zur Erlangung der Würde eines Doktor-Ingenieurs (Dr.-Ing.)
genehmigte Abhandlung

von Dipl.-Ing. Rolf Ilg
aus Riedlingen

Hauptberichter: Prof. Dr.-Ing. habil. Hans-Jörg Bullinger
Mitberichter: Prof. Dr.-Ing. Ernst Welfonder

Tag der Einreichung: 16. Januar 1998
Tag der mündlichen Prüfung: 2. November 1998

Rolf Ilg

Rechnergestützte Gestaltungsvorgaben und Dialogbausteine für grafische Benutzungsschnittstellen

mit 51 Abbildungen und 44 Tabellen

Springer

Dr.-Ing. Rolf Ilg
Institut für Arbeitswissenschaft und Technologiemanagement, Universität Stuttgart

Prof. Dr.-Ing. Dr. h. c. mult. H. J. Warnecke
o. Professor an der Universität Stuttgart
Präsident der Fraunhofer-Gesellschaft, München

Prof. Dr.-Ing. Dr. h. c. E. Westkämper
o. Professor an der Universität Stuttgart
Fraunhofer-Institut für Produktionstechnik und Automatisierung (IPA), Stuttgart

Prof. Dr.-Ing. habil. Prof. e. h. Dr. h. c. H.-J. Bullinger
o. Professor an der Universität Stuttgart
Fraunhofer-Institut für Arbeitswirtschaft und Organisation (IAO), Stuttgart

D 93
ISBN-13: 978-3-540-65579-4 e-ISBN-13: 978-3-642-47971-7
DOI: 10.1007/978-3-642-47971-7

Gesamtherstellung: Copydruck GmbH, Heimsheim
SPIN 10713443 62/3020–543210

Geleitwort der Herausgeber

Über den Erfolg und das Bestehen von Unternehmen in einer marktwirtschaftlichen Ordnung entscheidet letztendlich der Absatzmarkt. Das bedeutet, möglichst frühzeitig absatzmarktorientierte Anforderungen sowie deren Veränderungen zu erkennen und darauf zu reagieren.

Neue Technologien und Werkstoffe ermöglichen neue Produkte und eröffnen neue Märkte. Die neuen Produktions- und Informationstechnologien verwandeln signifikant und nachhaltig unsere industrielle Arbeitswelt. Politische und gesellschaftliche Veränderungen signalisieren und begleiten dabei einen Wertewandel, der auch in unseren Industriebetrieben deutlichen Niederschlag findet.

Die Aufgaben des Produktionsmanagements sind vielfältiger und anspruchsvoller geworden. Die Integration des europäischen Marktes, die Globalisierung vieler Industrien, die zunehmende Innovationsgeschwindigkeit, die Entwicklung zur Freizeitgesellschaft und die übergreifenden ökologischen und sozialen Probleme, zu deren Lösung die Wirtschaft ihren Beitrag leisten muß, erfordern von den Führungskräften erweiterte Perspektiven und Antworten, die über den Fokus traditionellen Produktionsmanagements deutlich hinausgehen.

Neue Formen der Arbeitsorganisation im indirekten und direkten Bereich sind heute schon feste Bestandteile innovativer Unternehmen. Die Entkopplung der Arbeitszeit von der Betriebszeit, integrierte Planungsansätze sowie der Aufbau dezentraler Strukturen sind nur einige der Konzepte, welche die aktuellen Entwicklungsrichtungen kennzeichnen. Erfreulich ist der Trend, immer mehr den Menschen in den Mittelpunkt der Arbeitsgestaltung zu stellen - die traditionell eher technokratisch akzentuierten Ansätze weichen einer stärkeren Human- und Organisationsorientierung. Qualifizierungsprogramme, Training und andere Formen der Mitarbeiterentwicklung gewinnen als Differenzierungsmerkmal und als Zukunftsinvestition in *Human Resources* an strategischer Bedeutung.

Von wissenschaftlicher Seite muß dieses Bemühen durch die Entwicklung von Methoden und Vorgehensweisen zur systematischen Analyse und Verbesserung des Systems Produktionsbetrieb einschließlich der erforderlichen Dienstleistungsfunktionen unterstützt werden. Die Ingenieure sind hier gefordert, in enger Zusammenarbeit mit anderen Disziplinen, z. B. der Informatik, der Wirtschaftswissenschaften und der Arbeitswissenschaft, Lösungen zu erarbeiten, die den veränderten Randbedingungen Rechnung tragen.

Die von den Herausgebern langjährig geleiteten Institute, das

- Institut für Industrielle Fertigung und Fabrikbetrieb der Universität Stuttgart (IFF),
- Institut für Arbeitswissenschaft und Technologiemanagement (IAT),
- Fraunhofer-Institut für Produktionstechnik und Automatisierung (IPA),
- Fraunhofer-Institut für Arbeitswirtschaft und Organisation (IAO)

arbeiten in grundlegender und angewandter Forschung intensiv an den oben aufgezeigten Entwicklungen mit. Die Ausstattung der Labors und die Qualifikation der Mitarbeiter haben bereits in der Vergangenheit zu Forschungsergebnissen geführt, die für die Praxis von großem Wert waren. Zur Umsetzung gewonnener Erkenntnisse wird die Schriftenreihe „IPA-IAO - Forschung und Praxis" herausgegeben. Der vorliegende Band setzt diese Reihe fort. Eine Übersicht über bisher erschienene Titel wird am Schluß dieses Buches gegeben.

Dem Verfasser sei für die geleistete Arbeit gedankt, dem Springer-Verlag für die Aufnahme dieser Schriftenreihe in seine Angebotspalette und der Druckerei für saubere und zügige Ausführung. Möge das Buch von der Fachwelt gut aufgenommen werden.

H. J. Warnecke E. Westkämper H.-J. Bullinger

Vorwort des Autors

Die vorliegende Arbeit entstand während meiner Tätigkeit als wissenschaftlicher Mitarbeiter am Institut für Arbeitswissenschaft und Technologiemanagement (IAT) der Universität Stuttgart.

Herrn Prof. Dr.-Ing. habil. Prof. e. h. Dr. h. c. Hans-Jörg Bullinger, Leiter des Instituts für Arbeitswissenschaft und Technologiemanagement (IAT) der Universität Stuttgart und des Fraunhofer-Instituts für Arbeitswirtschaft und Organisation (IAO), Stuttgart, gilt für die wissenschaftliche Unterstützung und wohlwollende Förderung dieser Arbeit mein herzlicher Dank.

Herrn Prof. Dr.-Ing. Ernst Welfonder, Leiter der Abteilung Stromerzeugung und Automatisierungstechnik des Instituts für Verfahrenstechnik und Dampfkesselwesen (IVD) der Universität Stuttgart, danke ich für die Übernahme des Mitberichts, die eingehende Durchsicht der Arbeit und die sich daraus ergebenden Hinweise.

Weiterhin gilt mein Dank allen Kolleginnen und Kollegen am IAO und IAT für die kritischen Diskussionen und wertvollen Anregungen. Herrn Dr.-Ing. Klaus-Peter Fähnrich danke ich besonders für die Durchsicht der Arbeit und seine konstruktive Kritik. Ein Dank geht auch an die Studenten, die durch ihre Studien- und Diplomarbeiten Anregungen zu dieser Arbeit gegeben haben.

Für ihr Verständnis und ihre geduldige Unterstützung danke ich ganz besonders meiner Frau Hanne und meinen beiden Töchtern Susanne und Angelika. Schließlich bin ich auch meinen Eltern Lore und Hermann Ilg zu großem Dank verpflichtet, da sie mir die Startvoraussetzungen zu meinem wissenschaftlichen Werdegang ermöglicht haben. Ihnen widme ich dieses Buch.

Pleidelsheim, im November 1998 Rolf Ilg

Inhaltsverzeichnis

Verwendete Abkürzungen

2D	Zweidimensional
3D	Dreidimensional
AS400	Betriebssystem von IBM
ASCII	American Standard Code for Information Interchange
AT&T	AT&T Bell Laboratories Corporation
C, C++	Programmiersprachen
CAD	Computer Aided Design
CCITT	Comité Consultatif International Télégraphique et Téléphonique
CD-ROM	Compact Disk - Read Only Memory
CEN	Comité Européen de Normalisation
CUA	Common User Access
DBS	Dialogbaustein
DDE	Dynamic Data Exchange
DEC	Digital Equipment Corporation
DIN	Deutsches Institut für Normung
DIS	Draft International Standard
DTD	Data Type Definition
DTP	Desktop Processing
ECMA	European Computer Manufacturers Association
EDV	Elektronische Datenverarbeitung
EG	Europäische Gemeinschaft
EWG	Europäische Wirtschaftsgemeinschaft
EU	Europäische Union
GUI	Graphical User Interface
HD-CD-ROM	High Density - Compact Disk - Read Only Memory
HP	Hewlett-Packard Company
HP-UX	Betriebssystem auf UNIX-Basis von Hewlett-Packard
IBM	International Business Machines Corporation
IDM	ISA Dialogue Manager
IDS	Interaktives Dokumentationssystem
IS	International Standard
ISA	Informationssysteme für computerintegrierte Automatisierung GmbH
ISO	International Standardization Organisation

LATEX	Weitverbreitete Markup-Sprache (Auszeichnungssprache)
MDI	Multiple Document Interface
MS	Microsoft Corporation
MSA	Software-Entwicklungswerkzeug „Access" von Microsoft
MS-DOS	Microsoft - Disk Operating System
ND	Software-Entwicklungswerkzeug „Natural Windows ND"
NT	New Technology
ODF	Online Documentation Format
OS/2	Open Systems/2, Betriebssystem von IBM
OSF	Open Software Foundation
PC	Personal Computer
PPS	Produktionsplanung und -steuerung
RTF	Rich Text Format
SAA	System Application Architecture
SGML	Standard Generalized Markup Language
SINIX	Betriebssystem auf UNIX-Basis von SNI
SNI	Siemens Nixdorf Informationssysteme AG
SUN	SUN Microsystems Corporation
UIMS	User Interface Management System
UNIX	Mehrplatz-Betriebssystem von AT&T
VDI	Verein Deutscher Ingenieure
VDT	Visual Display Terminal
VM	Virtual Machine, proprietäres Großrechnerbetriebssystem von IBM
VMS	Virtual Management System, proprietäres Betriebssystem von DEC
X-Windows	Fenstersystem auf UNIX-Basis
WIRE	Window-based Interface for Remote Exchange

1 Einleitung und Aufgabenstellung

Die wirtschaftlichen Probleme der letzten Jahre haben nicht nur die güterproduzierenden Unternehmen zur Änderung ihrer Prozeßabläufe gezwungen, sondern auch die Software-Unternehmen zum Überdenken ihrer Vorgehensweise bei der Software-Entwicklung veranlaßt. Dazu kommen die rasanten technologischen Entwicklungssprünge in der Informations- und Kommunikationstechnik, die dazu führen, daß immer schneller neue Softwareprodukte auf dem Markt sind. Besonders vor dem Hintergrund immer kürzerer Produktlebenszyklen müssen die Produktentwicklungszeiten drastisch verkürzt werden. Dies bedingt eine Steigerung der Produktivität, wobei die Qualität in der Software-Entwicklung nicht vernachlässigt werden darf. Um diesen Ansprüchen gerecht zu werden, finden schon seit geraumer Zeit strukturierte Methoden (DeMarco, 1978) Anwendung, seit einiger Zeit auch objektorientierte Methoden (Rumbaugh et al., 1991; Oestereich, 1997; Neumann, 1997) sowie Werkzeuge für die Aufgabenanalyse, das Design, die Programmierung, die grafischen Benutzungsschnittstellen und zur Unterstützung des Projektmanagements (Green, 1985; Bullinger, 1989; Martin & Eastman, 1996). Auch im Software-Bereich findet zunehmend eine Kundenorientierung statt, die sich besonders in einer Fokussierung auf die Interessen der Anwender und in einer wachsenden Kooperation zwischen Software-Fachabteilungen und Endbenutzern widerspiegelt.

Ein Softwarehaus kann heute keine unkomfortablen und schwer zu erlernenden Anwendungssysteme mehr verkaufen. Im Normalfall gibt es heute für jede Anwendungssoftware zahlreiche Konkurrenzprodukte mit vergleichbarem Funktionalitätsumfang. Anwender werden deshalb Software künftig nach anderen Kriterien auswählen. Die Qualität der Mensch-Rechner-Interaktion stellt vielfach das wichtigste Kriterium dar, das derzeit neben Funktionalitäts- und Sicherheitsanforderungen die Akzeptanz von Anwendungssoftware beeinflußt.

Anwendungssoftware mit grafischen Benutzungsschnittstellen hat in den letzten Jahren in allen Bereichen zunehmend an Bedeutung gewonnen. Die Entwicklung dieser grafischen Benutzungsschnittstellen ist im Vergleich zu alphanumerischen (textbasierten) Benutzungsschnittstellen wesentlich komplexer. Ende der achtziger Jahre wurde in einer Studie von Myers (Myers, 1989) festgestellt, daß bei der Entwicklung einer Anwendung 40 % bis 50 % des Aufwandes auf die Benutzungsschnittstelle entfallen. Bass et al. (Bass et al., 1989) geben sogar einen Wert von 60 % an. Dieser hohe Wert stellt die Programmierer vor neue Aufgaben. Die Einlernzeiten für die bei grafischen Benutzungsschnittstellen übliche ereignisorientierte und objektorientierte Programmierung erhöhen sich und die Design-Phasen für eine benutzergerechte Software-Gestaltung werden aufwendiger.

Unterstützung findet der Software-Entwickler in Werkzeugen zur Erstellung von Benutzungsschnittstellen, sogenannten User Interface Management Systemen (UIMS). Sie haben inzwischen eine beachtliche Verbreitung gefunden (Urbanek, 1991; Bullinger et al., 1996a; Fähnrich et al., 1996b). Der Vorteil liegt in der komfortablen Erstellung von Dialogen durch einen Editor und der Implementierung der Dialogsteuerung mit Hilfe einer ereignisorientierten Sprache. Des weiteren erleichtern UIMS die Erstellung portabler Anwendungen, da sie meistens für mehrere Software-Plattformen angeboten werden (Marcus et al., 1995). Was UIMS bisher nur bedingt leisten können, ist eine Hilfestellung bei software-ergonomischen Fragestellungen.

Allgemeines Wissen ist hierzu teilweise in Form von Normen (DIN 66234, 1988; ISO 9241, 1993) und aus der einschlägigen Literatur verfügbar (siehe z. B. Balzert et al., 1988; Ziegler & Ilg, 1993b; Eberleh et al., 1994; Herczeg, 1994). Dazu sind Richtliniensammlungen (Styleguides) entwickelt worden (Smith & Mosier, 1986; SUN, 1990; IBM, 1992a und 1992b; SNI, 1990, 1992 und 1993; OSF, 1990, 1993 und 1994; Microsoft, 1992, 1995a und 1995b), die es dem Entwickler erleichtern sollen. Dialoge zu gestalten. Diese Richtliniensammlungen liegen derzeit meistens in Papierform vor. Untersuchungen haben aber ergeben, daß es für einen Entwickler schwierig ist, die Vielzahl der Richtlinien zu kennen, diese Regeln zu interpretieren und konkret in Anwendungsdialoge umzusetzen (Mosier & Smith, 1985; Rauterberg, 1995). Es ist deshalb naheliegend, den Anwendungsentwickler zum einen durch komfortablere Richtliniensammlungen in Form von rechnergestützten Gestaltungsvorgaben online zu unterstützen (Bullinger et al., 1996b) und zum anderen vorgefertigte Dialogbausteine, die software-ergonomischen Anforderungen standhalten (Bullinger et al., 1996c; Bullinger et al., 1996d), in einer Software-Bibliothek zur Verfügung zu stellen. Das Ziel ist eine effiziente und konsistente Software-Entwicklung im Hinblick auf eine Software-Modularisierung (Component-Ware) und eine Wiederverwendbarkeit einzelner Software-Module (Software-Re-Use).

2 Zielsetzung der Arbeit und Vorgehensweise

2.1 Zielsetzung

In der vorliegenden Arbeit wird die Weiterentwicklung von papiergebundenen Richtlinien in rechnergestützte Gestaltungsvorgaben zur Erstellung grafischer Benutzungsschnittstellen aufgezeigt und anhand von Beispielen dargestellt. Ziel ist dabei, dem Anwendungsentwickler ein effizientes Werkzeug zur ergonomischen Gestaltung grafischer Benutzungsschnittstellen an die Hand zu geben. Dabei wird besonders die leichte Erlernbarkeit, eine schnelle Zugriffsmöglichkeit sowie die Erweiterbarkeit und Änderungsmöglichkeit der rechnergestützten Gestaltungsvorgaben berücksichtigt. Im Rahmen von zwei Fallbeispielen aus dem Bereich der Steuerung von NC-Maschinen und dem Dienstleistungsbereich wird die Anpaßbarkeit der Gestaltungsvorgaben dokumentiert.

Rechnergestützte Gestaltungsvorgaben ermöglichen den Einsatz am Arbeitsplatz des Anwendungsentwicklers. Darüber hinaus lassen sie eine zielgruppenspezifische Anpassung zu, so daß Unternehmen ihre eigenen firmenspezifischen Standards in die Gestaltungsvorgaben integrieren können.

Eine Erweiterung der rechnergestützten Gestaltungsvorgaben ist durch Dialogbausteine möglich. Dialogbausteine sind vorgefertigte Ausschnitte einer Benutzungsschnittstelle, die an die Anforderungen einer Anwendung angepaßt und zu einer in diesem Fall grafischen Benutzungsschnittstelle zusammengefaßt werden können. Besonders der Aspekt der Anpaßbarkeit ist für viele Anwendungsentwickler von großer Bedeutung. Zum einen liegt die Anpaßbarkeit in der Ausgestaltung der Benutzungsschnittstelle auf den verschiedenen Software-Plattformen, zum anderen kann durch den Einsatz und die Anpaßbarkeit der Dialogbausteine eine konsistente Handhabung in verschiedenen Anwendungen erreicht werden.

In einem zweiten Schritt werden deshalb die in den rechnergestützten Gestaltungsvorgaben beschriebenen Dialogelemente zu Dialogbausteinen für die Verwendung in kommerziellen Informationssystemen erweitert und mit Hilfe einer Software-Bibliothek für die Anwendungsentwickler verfügbar gemacht. Anwendung finden diese Entwicklungen in Informationssystemen für Produktions- und Dienstleistungsunternehmen. Die hier vorgestellten Dialogbausteine wurden für eine Vertriebskomponente eines Produktionsplanungs- und -steuerungssystems (PPS-System), eine Versicherungsanwendung, eine Verwaltungsanwendung und eine Einstiegskomponente zum Aufruf verschiedener Anwendungen entwickelt.

In dieser Arbeit wird u.a. der in der nationalen und internationalen Fachliteratur geläufige Ausdruck „Styleguide“ verwendet. Es handelt sich dabei um Beschreibungen von herstellerspezifischen grafischen Benutzungsoberflächen, die auch als Marktstandards und/oder herstellerspezifische Richtliniensammlungen bezeichnet werden.

2.2 Vorgehensweise

In Kapitel 3 wird der Stand des Wissens bei der Dialoggestaltung und den zur Zeit bekannten Normen, Richtlinien und Marktstandards dargelegt. Eine besondere Rolle spielen dabei die bisher nur auf Papier verfügbaren Normen und Gestaltungsvorgaben. Daraus wurden die Anforderungen an eine rechnergestützte Verfügbarkeit abgeleitet.

In Kapitel 4 werden die software-technischen Voraussetzungen für die Entwicklung rechnergestützter Gestaltungsvorgaben anhand eines interaktiven Dokumentationssystems (IDS) erläutert. Darauf aufbauend wird in Kapitel 5 die Entwicklung, die Struktur und der Aufbau von rechnergestützten Gestaltungsvorgaben dargestellt. Die Weiterentwicklung zu zielgruppenspezifischen Gestaltungsvorgaben wird aufgezeigt und anhand von Beispielen veranschaulicht und diskutiert.

Die konsequente Weiterentwicklung von rechnergestützten Gestaltungsvorgaben mit zusätzlichen Hilfsmitteln für den Anwendungsentwickler in Form von Dialogbausteinen wird in Kapitel 6 erläutert. Über eine Identifizierung häufig wiederkehrender Dialoge in Informationssystemen werden die relevanten Standard-Dialoge mit den entsprechenden Funktionalitäten dargestellt.

In Kapitel 7 schließt sich eine Klassifikation von Dialogbausteinen an, die es ermöglichen soll, die Bausteine in einer Software-Bibliothek zur Wiederverwendung verwalten zu können.

In Kapitel 8 wird der Entwurf und die Implementierung der Dialogbausteine beschrieben, wobei besonders auf die Modellvorlagen des zugrundeliegenden User Interface Management Systems (UIMS) Rücksicht genommen wurde.

Kapitel 9 beinhaltet den Entwurf und den Aufbau einer Dialogbaustein-Bibliothek, die eine Wiederverwendung der Bausteine bei gleichzeitiger Änderungsmöglichkeit und Erweiterbarkeit gewährleisten soll.

Kapitel 10 faßt die Vorgehensweise zusammen und gibt einen Ausblick auf noch offene Forschungsfelder im Bereich der Benutzungsschnittstellengestaltung. Der Anhang beinhaltet eine

Inhaltsangabe der entwickelten rechnergestützten Gestaltungsvorgaben sowie Informationen zur Beschreibung von Dialogelementen und -bausteinen.

Die Abb 2.1 faßt die Vorgehensweise bei der Konzeption und Entwicklung von rechnergestützten Gestaltungsvorgaben und Standard-Dialogbausteinen für grafische Benutzungsschnittstellen zusammen.

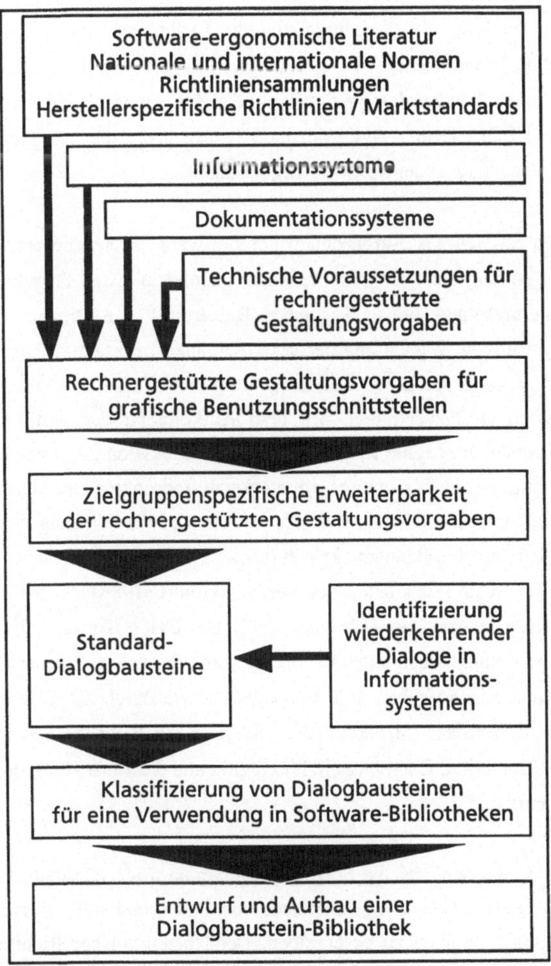

Abb. 2.1: Vorgehensweise bei der Konzeption und Entwicklung von rechnergestützten Gestaltungsvorgaben und Standard-Dialogbausteinen für grafische Benutzungsschnittstellen

3 Ausgangssituation und Stand des Wissens

3.1 Software-Ergonomie

Die Ergonomie ist eine angewandte wissenschaftliche Disziplin, deren Ziel die Anpassung von Arbeitsbedingungen und Werkzeugen an den Menschen unter Berücksichtigung seiner Fähigkeiten und Fertigkeiten ist. Die Software-Ergonomie versteht sich als Teilgebiet der Ergonomie und beinhaltet die Analyse, die Gestaltung und die Evaluation interaktiver Rechnersysteme (Görner & Ilg, 1988; Wandmacher, 1993; Bullinger, 1994). Dabei handelt es sich sowohl um die Benutzungsschnittstellengestaltung als auch um die Benutzungsoberflächengestaltung (siehe Kap. 3.1.1 und 3.1.2). Damit sind prinzipiell z. B. auch die Aufgabengestaltung und Benutzerschulung Gegenstand der Software-Ergonomie.

Historisch gesehen hat sich das Aufgabenfeld der Software-Ergonomie erst Anfang der 70er Jahre gebildet und Anfang der 80er Jahre zu einem interdisziplinären Forschungsgebiet erweitert. Erste nationale und internationale Tagungen (Balzert, 1983; Bullinger, 1985; Bullinger et al., 1987) brachten weltweit Wissenschaftler der Disziplinen Informatik, Psychologie, Arbeitswissenschaft und entsprechende Anwendungsdisziplinen (Ingenieurwissenschaften, Wirtschaftswissenschaften etc.) zusammen. Mit dem Aufkommen der grafischen Benutzungsschnittstellen Anfang der 80er Jahre wurde weltweit die Interaktion zwischen dem Mensch und dem Rechner als empirisches Forschungsgebiet erkannt und entwickelt. Häufig wird die Auswirkung einer Benutzungsoberfläche auf den Menschen und die Wirkung von Merkmalen der Benutzungsoberfläche auf die Benutzbarkeit untersucht. Dabei können viele Aspekte der Benutzbarkeit eines Rechnersystems betrachtet werden (Gould, 1988), wobei es wenig Anweisungen gibt, wie diese zu erreichen ist (Booth, 1992). Bei Eason (Eason, 1984) findet sich der Ansatz, wonach die Benutzbarkeit eines Rechnersystems durch die Eigenschaften des Benutzers, die Merkmale seiner Aufgaben und Tätigkeiten sowie durch die Eigenschaften des Systems bestimmt wird. Shackel (Shackel, 1986) definiert die Benutzbarkeit mehr operational, wonach sie durch Effektivität, Erlernbarkeit, Flexibilität und die Einstellung des Benutzers zum System bestimmt wird.

Generell kann gesagt werden, daß die Software-Ergonomie u. a. versucht, die Merkmale, die für die Benutzbarkeit einer Benutzungsoberfläche von Bedeutung sind, anhand von Standards und durch Gestaltungsrichtlinien zu beschreiben. Der Nutzen solcher Richtliniensammlungen zur software-ergonomischen Gestaltung von Benutzungsoberflächen wurde von Smith (Smith, 1988) klassifiziert und führte zu folgenden Unterscheidungsmerkmalen: Design-Standards, Design-Richtlinien, Design-Regeln und Design-Algorithmen.

Bei den Design-Standards geht es vor allem um die nationalen und internationalen Normierungen, die von DIN, ISO, CEN und von Institutionen wie VDI, CCITT und ECMA vorgenommen wurden (siehe auch Kap. 3.3.1 und 3.3.2). Die Design-Richtlinien werden heute unter dem Begriff Styleguides, Marktstandards oder herstellerspezifische Richtlinien zusammengefaßt und sind hauptsächlich von den softwareproduzierenden Unternehmen erstellt worden (siehe Kap. 3.3.3). Design-Regeln sind die aus Design-Richtlinien abgeleiteten direkten Anweisungen an die Systementwickler, wobei Untersuchungen hinsichtlich der Kenntnis und Anwendung von Richtlinien durch Softwareentwickler (Wandke et al. 1992) zeigen, daß zwar die meisten Entwickler (90 %) Standards und Richtlinien kennen, aber deren Anwendung weit hinter dieser Kenntnis zurückbleibt (vgl. Tab. 3.1). In weiteren empirischen Untersuchungen (Tetzlaff & Schwarz, 1991) wurde festgestellt, daß sich Systementwickler vorzugsweise an den abgedruckten Beispielen und weniger am Text der Richtlinien orientierten. Daraus wurde geschlossen, daß ergänzend zu papierorientierten Richtlinienwerken rechnergestützte interaktive Dialogbeispiele die Softwareentwicklung erleichtern könnten. Es wäre demnach zu fordern, daß software-ergonomische Richtlinien konkret und gegebenenfalls automatisiert in den Entwicklungsprozeß einbezogen werden. Ein Ansatz ist die mit Hilfe von Design-Algorithmen automatische Generierung von Benutzungsoberflächen, wie sie von Weisbecker (Weisbecker, 1995) beschrieben wurde. Ein weiterer Ansatz ist die Bereitstellung von rechnergestützten Gestaltungsvorgaben und die Verfügbarmachung von Standard-Dialogbausteinen (z. B. für Informationssysteme), wie er in dieser Arbeit beschrieben wird.

Standards, Richtlinien	Kenntnis	Anwendung
DIN 66234	22 %	11 %
ISO 9241	1 %	-
IBM SAA/CUA	55 %	31 %
Apple Guidelines	15 %	7 %
andere Standards und firmeninterne Standards	20 %	6 %
keine Standards und Richtlinien	10 %	26 %

Tab. 3.1: Kenntnis und Anwendung von software-ergonomischen Standards und Richtlinien durch Softwareentwickler (Wandke et al., 1992)

3.1.1 Benutzungsschnittstelle

Unter der Benutzungsschnittstelle versteht man diejenigen Komponenten und Aspekte eines Mensch-Rechner-Systems, mit denen die Benutzer begrifflich oder über die Sinne und Motorik in Verbindung kommen (Moran, 1981; Wandmacher, 1993). Damit gehören zur Benutzungsschnittstelle auch das werkzeugunabhängige Aufgabenwissen und werkzeugspezifische Wissen des Benutzers. Letzteres umfaßt das begriffliche Wissen vom Rechnersystem, zu dem auch das mentale Modell des Systems gehört sowie kognitive und sensumotorische Fertigkeiten zur Benutzung des Rechnersystems.

Durch die Benutzungsschnittstelle werden die Art und Qualität der Aufgaben, das Problemlöseverhalten der Benutzer, das Lernen von Fertigkeiten und ihr Einsatz bei der Aufgabenbearbeitung beeinflußt. Die Gestaltung von Benutzungsschnittstellen ist damit auch eine Arbeits- oder Aufgabengestaltung (Hacker, 1987).

3.1.2 Benutzungsoberfläche

Unter der Benutzungsoberfläche versteht man alle Elemente, Formen und Techniken, durch die der Benutzer mit dem Rechnersystem kommuniziert. Die Benutzungsoberfläche ist damit der zu dem Rechnersystem gehörende und für den Benutzer erkennbare oder sichtbare Teil der Benutzungsschnittstelle (Wandmacher, 1993). Aus den Merkmalen der Benutzungsoberfläche ergibt sich die Form des Dialogs zwischen Benutzer und Rechnersystem. Der Mensch-Rechner-Dialog (siehe auch Kap. 3.2) besteht also im wechselseitigen Austausch von Informationen zwischen Benutzer und System mit dem Ziel der Bearbeitung von Aufgaben.

Die Benutzungsoberfläche ist abhängig von der Hardware und Software des Systems. Bei der Hardware können das z. B. der Prozessor, die Größe des Arbeitsspeichers, die Leistungsmerkmale des Massenspeichers, die Zahl und Anordnung der Tasten, die Verfügbarkeit einer Maus oder eines anderen analogen Eingabegeräts und die Eigenschaften des Bildschirms sein. Bei der Software ist die Abhängigkeit vom jeweiligen Betriebssystem mit alphanumerischen (zeichenorientierten) oder grafischen Anwendungssystemen gegeben. Grafische Benutzungsoberflächen zeichnen sich durch den Einsatz von Fenstersystemen mit den entsprechenden grafischen Dialogobjekten (siehe Kap. 3.2.3) aus.

3.2 Dialoge

3.2.1 Dialogdefinition

Der Begriff „Dialog" wird in DIN 66 234, Teil 8 „Grundsätze ergonomischer Dialoggestaltung", wie folgt definiert: „Dialog ist ein Ablauf, bei dem der Benutzer zur Abwicklung einer Arbeitsaufgabe - in einem oder mehreren Schritten - Daten eingibt und jeweils Rückmeldung über die Verarbeitung dieser Daten erhält" (DIN 66234, 1988).

Die VDI-Richtlinie 5005 „Software-Ergonomie in der Bürokommunikation" (VDI-Richtlinie 5005, 1991) hat die Gestaltung und Bewertung der Interaktion mit dem Bürosystem zum Gegenstand. Sie beinhaltet keine direkte Definition des Begriffes Dialog. Anhand eines übergreifenden Modellrahmens, der den Benutzer (Handlungsmodell) und den Rechner (Anwendungsmodell) durch Gestaltungs- und Bewertungskriterien verbindet, wird der Inhalt der Software-Ergonomie aufgezeigt. Der Dialog wird dabei in der operativen Abstraktionsebene des Modellrahmens angesprochen (siehe auch Kap. 3.3.2.1).

3.2.2 Dialogtechniken

Die Interaktion zwischen Mensch und Computer wird mit Hilfe von verschiedenen Dialogtechniken durchgeführt (Ilg & Ziegler, 1987; Zeidler & Zellner, 1992 und 1994; Ziegler & Ilg, 1993; Wandmacher, 1993; Stary, 1996). Diese lassen sich in benutzergeführte und systemgeführte Dialogtechniken einteilen.

Bei den benutzergeführten Dialogtechniken meldet das System nur seine Bereitschaft zur Eingabe. Es gibt aber keinen Hinweis auf die momentan möglichen oder zulässigen Funktionen. Der Dialog ist wenig vorstrukturiert. Der Benutzer muß aktiv seine Kommandos formulieren.

Bei den systemgeführten Dialogtechniken wird der Benutzer Schritt für Schritt durch Hinweise und Hilfestellungen zum von ihm gewünschten Ziel hingeführt. Je nach Realisierung verfügt der Benutzer dabei über mehr oder weniger Auswahlmöglichkeiten oder Eingabealternativen.

Besonders bei sehr einfachen Aufgaben wird der Unterschied zwischen system- und benutzergeführten Dialogtechniken am deutlichsten, da der Benutzer im ersten Fall vom System darüber informiert wird, welche Aktion er ausführen kann beziehungsweise muß, im zweiten Fall dagegen erhält er keine Informationen.

Benutzergeführte und systemgeführte Dialogtechniken weisen jeweils spezifische Vor- und Nachteile auf. Für die benutzergeführten Dialogtechniken können die in Tab. 3.2 zusammengefaßten Vor- und Nachteile genannt werden.

Benutzergeführte Dialogtechniken	
Vorteile	Hohe Effizienz in der Dialogsteuerung: Durch die Auswahl des geeignetsten Kommandos kann der Benutzer sein Ziel in verhältnismäßig wenigen Schritten erreichen.
	Hohe Flexibilität wird durch die freie Wahl der Dialogschritte und -wege ermöglicht.
	Der geübte Benutzer hat das Gefühl der Kontrolle über das System.
Nachteile	Schwierigere Erlernbarkeit, da keine Unterstützung durch das System erfolgt. Kommandos können leichter vergessen werden, da sich der Benutzer aktiv an die Begriffe erinnern muß („recall memory").
	Längere und aufwendigere Ausbildung und Schulung. Bei längeren Unterbrechungen in der Systemnutzung (Urlaub, Krankheit) kann ein Nachtraining erforderlich sein.
	Höheres Fehlerrisiko, da die möglichen oder richtigen Eingaben nicht als Hilfestellung vom System angezeigt werden.

Tab. 3.2: Vor- und Nachteile benutzergeführter Dialogtechniken (Ilg & Ziegler, 1987)

Den Vor- und Nachteilen der benutzergeführten Dialogtechniken stehen die Vor- und Nachteile der systemgeführten Dialogtechniken gegenüber (Tab. 3.3).

Systemgeführte Dialogtechniken	
Vorteile	Das System besitzt eine gute Erlernbarkeit.
	Es ist eine geringere Ausbildung erforderlich.
	Systemgeführte Dialogtechniken haben eine geringere Fehleranfälligkeit, da Fehlerquellen, insbesondere solche syntaktischer Natur, zum Teil von vorneherein vermieden werden können.
Nachteile	Der Dialog wird meist umfangreicher und dadurch ineffizienter; die Zahl der Dialogschritte steigt.
	Die Handlungsflexibilität des Benutzers ist eingeschränkt.
	Veränderte Aufgabenstellungen können nur schwer unterstützt werden.

Tab. 3.3: Vor- und Nachteile systemgführter Dialogtechniken (Ilg & Ziegler, 1987)

Zu jeder dieser Formen gibt es eine Reihe von Dialogtechniken, die ihr zugeordnet werden können. So sind z. B. Kommandosprachen benutzergeführt, Menüsysteme systemgeführt (Abb. 3.1).

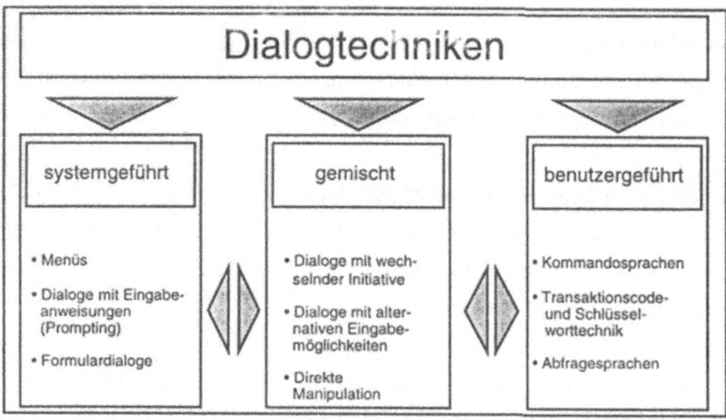

Abb. 3.1: Klassifizierung von Dialogtechniken (Ilg & Ziegler, 1987)

Häufig wird argumentiert, daß systemgeführte Dialogtechniken wegen ihrer guten Erlernbarkeit und höheren Fehlersicherheit „benutzerfreundlicher“ seien als benutzergeführte Dialoge. Vor- und Nachteile einzelner Dialogtechniken können jedoch nicht absolut bewertet werden. Welche Dialogtechnik einer anderen überlegen ist, muß jeweils im einzelnen Gestaltungsfall entschieden werden. Die Entscheidung hängt, entsprechend dem grundsätzlichen Vorgehen bei der Gestaltung von Dialogsystemen, ab von

- der durchzuführenden Arbeitsaufgabe,
- den zu erwartenden Benutzern und
- dem Benutzungsverhalten.

Nicht alle Dialogtechniken lassen sich eindeutig auf die benutzergeführte bzw. die systemgeführte Dialogtechnik zurückführen, wie etwa das Beispiel der „grafisch interaktiven Schnittstellen“ zeigt. Solche Formen kann man als gemischte Dialogtechniken bezeichnen. Bei gemischten Dialogtechniken kann entweder ein Wechsel zwischen benutzer- und systemgeführten Schritten stattfinden oder dem Benutzer wird eine reiche Auswahl an Dialogschritten angeboten, so daß er flexibel agieren kann. Alternative Dialogtechniken können angeboten werden, wenn in einer gegebenen Dialogsituation verschiedene Interaktionstechniken zur Verfügung stehen, z. B. Eingabe über Menü oder über feste Funktionstasten. Die häufigsten Dialogtechniken, die derzeit bei der Gestaltung der Mensch-Maschine-Schnittstelle eingesetzt werden, sind folgende: Dialogführung mittels Menüs (Menüdialog), Formularen (Formulardialog), Funktionstasten, direkter Manipulation, Kommandosprachen, Transaktionscodes, Abfragesprachen (Query languages), Makrosprachen.

In den meisten Anwendungssystemen wird die Dialogsteuerung über Menühierarchien bewerkstelligt, wobei häufig auch gemischte Dialogtechniken (z. B. Menüdialog kombiniert mit Formular- und Funktionstastendialog oder Menüdialog kombiniert mit Transaktionscodes zur effizienten Sprungmöglichkeit im System) angewandt werden.

3.2.3 Dialogobjekte

Der Begriff „Dialog“ ist gekennzeichnet durch dynamische Abläufe bei der Interaktion des Benutzers mit dem System. Die Interaktion des Benutzers mit dem System kann aber nur mittels einzelner Elemente einer Mensch-Rechner-Schnittstelle geschehen. Diese Elemente werden auch Dialogobjekte genannt. Dialogobjekte in einer zeichen-/zeilen-orientierten Benutzungsoberfläche können z. B. sein: Ein-/Ausgabefelder, Kommandofelder, Maske/Formulare, Liste/Tabelle, Bildschirmseite, Teilbereiche eines Bildschirms, Softkeys (virtuelle Tasten). Die Abb. 3.2 zeigt einige typische Objekte einer zeichen-/zeilen-orientierten Benutzungsoberfläche. Dialogobjekte in einer grafisch-orientierten Benutzungsoberfläche können z. B. sein: Fenster, Fensterrahmen, Liste/Tabelle, Scrollbalken (Rollbalken), Dialogboxen, Ein-/Ausgabefelder, Buttons (Tasten). Wird mit diesen Objekten eine Steuerung des Dialogs vollzogen, spricht man auch von Bedienelementen (z. B. Radiobuttons, Pushbuttons, etc.). Die Abb. 3.3 zeigt einige typische Objekte einer grafisch-orientierten Benutzungsoberfläche.

Für die visuelle Gestaltung dieser Objekte gibt es in der einschlägigen Literatur (Lauter, 1987; Sutcliffe, 1988; Brown, 1989; Galitz, 1993; Ilg, 1993b; Zetie, 1995) und in den Marktstandards (siehe Kap. 3.3.3) bereits detaillierte Angaben. Die Einbindung dieser Objekte in einen Dialog unterliegt jedoch nach wie vor der freien Gestaltung der Software-Entwickler. Zur Evaluierung der jeweiligen Software-Gestaltung existieren ebenfalls bereits Methoden und Vorgehensweisen (Oppermann et al., 1988; Reiterer, 1994; Redmond-Pyle & Moore, 1995; Ziegler & Burmester, 1995; Burmester, 1996; Burmester et al., 1997)

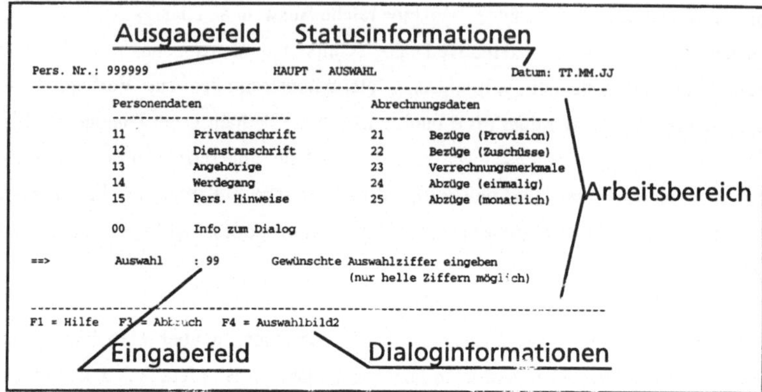

Abb. 3.2: Typische Objekte einer zeichen-/zeilen-orientierten Benutzungsoberfläche

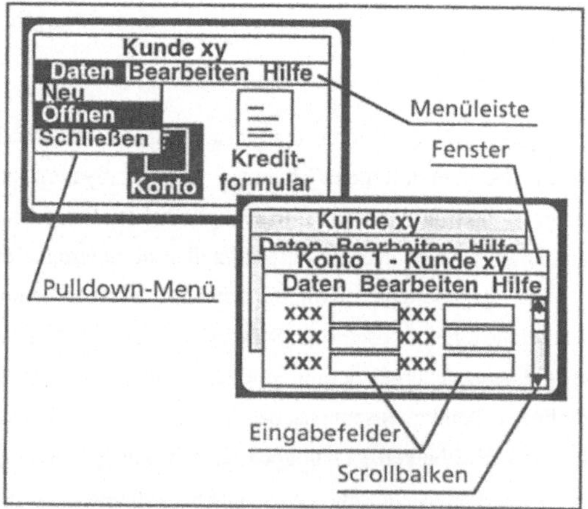

Abb. 3.3: Typische Objekte einer grafisch-orientierten Benutzungsoberfläche

3.2.4 Navigationsdialog und Bearbeitungsdialog

Für die Dialoggestaltung ist es zweckmäßig, zwischen zwei Hauptaspekten des Dialoges zu unterscheiden: Navigationsdialog und Bearbeitungsdialog.

Die Bewegung des Benutzers zwischen unterschiedlichen Masken, Formularen oder Fenstern bei grafischen Benutzungsoberflächen wird als Navigationsdialog bezeichnet. Masken, Formulare wie auch Fenster werden zusammenfassend auch als Sichten bezeichnet. Navigation beinhaltet in diesem Sinne den Übergang zwischen einzelnen Sichten. Dabei kann es sich um Sichten mit reinen Dialoginformationen (z. B. eine Menümaske), Sichten mit Arbeitsdaten (z. B. Formular zur Auftragsdatenerfassung) oder aber um gemischte Sichten handeln. Navigationsfunktionen sollten im Normalfall keine Daten verändern.

Als Bearbeitungsdialog werden Abläufe innerhalb einzelner Masken bzw. Fenster bezeichnet. Hierzu zählen z. B. Sprünge zwischen den Datenfeldern einer Maske, das Öffnen einer Auswahlliste für einen Feldeintrag oder das Editieren eines Feldeintrages. Bearbeitungsdialoge verändern also Daten oder aber auch die Darstellungsform von Daten in einer einzelnen Sicht.

3.2.5 Dialogbausteine

Unter Dialogbausteinen sind vordefinierte Interaktionselemente grafischer Benutzungsschnittstellen zu verstehen. Im einfachsten Fall kann ein Dialogbaustein aus einem einfachen Bedienelement (z. B. Radiobutton, Pushbutton etc.) bestehen, für das Aussehen und Verhalten bereits festgelegt sind. Einfache Bedienelemente können zu größeren Bedieneinheiten kombiniert werden, wie z. B. Tabellen oder Formulare, die sich aus vielen Eingabeelementen zusammensetzen. Schließlich können solche komplexeren Bedienelemente zu standardisierten Dialogobjektgruppen mit vordefinierten Bedienabläufen zusammengesetzt werden (Görner et al., 1997).

Mit einer systematischen Gestaltungshilfe und der Definition von aufgabenorientierten Dialogbausteinen, die in den Anwendungen immer wieder vorkommen, läßt sich der Software-Entwicklungsprozeß maßgeblich unterstützen. Besonders bei grafischen Schnittstellen mit einer höheren Erwartung an ein benutzerfreundliches Anwendungsdesign sind wesentlich mehr Design-Entscheidungen zu treffen als bei zeichenorientierten Schnittstellen (Fähnrich et al., 1996a). Die herstellerspezifischen Richtlinien definieren zwar die Elemente der Schnittstelle, aber das Zusammenspiel der Elemente liegt nach wie vor in der Hand des Entwicklers. Es liegen derzeit erste Ansätze für standardisierte Dialogbausteine vor. Der Bedarf an solchen standardisierten Dialogbausteinen ist jedoch sehr hoch, da in Verbindung mit einem Software-Werkzeug, das die Dialogbausteine modellhaft beschreibt bzw. in Modellbibliotheken speichert, eine Standardisierung der Anwendungssoftware ermöglicht wird und die Entwicklungszeiten signifikant verkürzt werden können. Damit verbunden können Qualitätssicherer auf effiziente

Weise die korrekte Einhaltung der software-ergonomischen Gestaltungsempfehlungen, die in Normen, Richtlinien und Markstandards formuliert sind, überprüfen.

Daraus ergibt sich, daß Dialogbausteine

- ein für eine bestimmte Systemplattform vordefiniertes Aussehen und Verhalten besitzen sollen,
- über eine ausreichende Gebrauchstauglichkeit (usability) verfügen sollen, die an den Normen, Richtlinien und Marktstandards (Kap. 3.3) gemessen wird und
- sinnvolle Gestaltungslösungen für häufig benötigte Arbeitsabläufe und Handlungsziele von Benutzern bereitstellen sollen.

3.3 Normen, Richtlinien und Marktstandards zur benutzergerechten Software-Gestaltung

Durch die sich immer deutlicher abzeichnende Offenheit der Computer-Systeme wird auch der Ruf nach einer weltweiten Vereinheitlichung der Mensch-Rechner-Schnittstellen und -Interaktion lauter. So sind in letzter Zeit Normen und Richtlinien entwickelt worden, die dieser Forderung nachkommen. Darüber hinaus gibt es eine ganze Reihe von Bestrebungen der Hersteller, ihre Produkte für den Markt der offenen Computer-Systeme benutzergerecht nach bestimmten Grundsätzen und Regeln zu gestalten. Daraus sind bereits weltweit herstellerspezifische Marktstandards entstanden, die die bestehenden und zukünftigen Normen in diesem Bereich massiv beeinflussen.

Diese Marktstandards, die in den meisten Fällen in sogenannten Styleguides niedergeschrieben worden sind, können durch das Zusammenspiel von Herstellern und Normungsgremien eine wichtige Rolle auf die benutzergerechte Gestaltung der Software bereits im Vorfeld neuer Entwicklungen ausüben. Da die Normung häufig auf technische Neuentwicklungen nur reagieren kann, ist es um so wichtiger, daß die Normen nicht in einschränkender Weise formuliert werden, sondern speziell im Software-Bereich parallel zu den technischen Entwicklungen eine breite Basis für die Gestaltung unter dem besonderen Aspekt der Benutzbarkeit liefern.

3.3.1 Nationale und internationale Normen

3.3.1.1 DIN 66234 Teil 8

In Deutschland wurde bereits Anfang der 70er Jahre erkannt, daß für den Bereich der Software-Gestaltung Normen entwickelt werden müssen. Der Normenausschuß Informationsverarbeitung im DIN hat hier eine weltweite Vorreiterrolle übernommen und 1988 den Teil 8 der DIN 66234 „Bildschirmarbeitsplätze - Grundsätze ergonomischer Dialoggestaltung" hervorgebracht (DIN 66234, Teil 8, 1988).

In diesem Normenteil werden fünf Grundsätze formuliert, die für eine ergonomische Dialoggestaltung entscheidend sind: Aufgabenangemessenheit, Selbstbeschreibungsfähigkeit, Steuerbarkeit, Erwartungskonformität und Fehlerrobustheit (Tab. 3.4).

Aufgabenangemessenheit	Ein Dialog ist aufgabenangemessen, wenn er die Erledigung der Arbeitsaufgabe des Benutzers unterstützt, ohne ihn durch Eigenschaften des Dialogsystems unnötig zu belasten.
Selbstbeschreibungs-fähigkeit	Ein Dialog ist selbstbeschreibungsfähig, wenn dem Benutzer auf Verlangen Einsatzzweck sowie Leistungsumfang des Dialogsystems erläutert werden können und wenn jeder einzelne Dialogschritt unmittelbar verständlich ist oder der Benutzer auf Verlangen dem jeweiligen Dialogschritt entsprechende Erläuterungen erhalten kann.
Steuerbarkeit	Ein Dialog ist steuerbar, wenn der Benutzer die Geschwindigkeit des Ablaufs sowie die Auswahl und Reihenfolge von Arbeitsmitteln oder Art und Umfang von Ein- und Ausgaben beeinflussen kann.
Erwartungskonformität	Ein Dialog ist erwartungskonform, wenn er den Erwartungen der Benutzer entspricht, die sie aus Erfahrungen mit bisherigen Arbeitsabläufen oder aus der Benutzerschulung mitbringen sowie den Erfahrungen, die sie sich während der Benutzung des Dialogsystems und im Umgang mit dem Benutzerhandbuch bilden.
Fehlerrobustheit	Ein Dialog ist fehlerrobust, wenn trotz erkennbar fehlerhafter Eingaben das beabsichtigte Arbeitsergebnis mit minimalem oder ohne Korrekturaufwand erreicht wird. Dazu müssen dem Benutzer die Fehler zum Zwecke der Behebung verständlich gemacht werden.

Tab. 3.4: Fünf Grundsätze zur Dialoggestaltung in DIN 66234, Teil 8 (DIN 66234, Teil 8, 1988)

Diese fünf Grundsätze beruhen auf einer empirischen Untersuchung, bei der 233 erfahrene Computerbenutzer aus 100 vorgegebenen Eigenschaften von Dialogsystemen die für sie wichtigsten für die Benutzerfreundlichkeit nennen mußten. Aus diesen Ergebnissen wurden durch eine Faktorenanalyse insgesamt sieben Grundsätze ermittelt, aus denen fünf für die Norm ausgewählt wurden (Dzida, Herda & Itzfeld, 1978).

Besonders der Grundsatz „Fehlerrobustheit" trägt maßgeblich dazu bei, ob ein System als benutzergerecht empfunden wird. Mehrfache Sicherungen gegen Fehlhandlungen sollten vorgesehen werden, ohne jedoch den Benutzungskomfort unnötig einzuschränken. Solche Sicherungen könnten sein:

- Rückfragen bei mächtigen Löschfunktionen,
- Storno-Funktion bzw. Rücknahme-(UNDO-)funktion,
- Einrichten von Löschspeichern zur Wiederherstellung des ursprünglichen Zustandes,
- Zwang zur Beidhandbedienung bei bestimmten Funktionen,

- Retten bei ungewolltem Systemabbruch,
- Automatisches Sichern der gerade bearbeiteten Datei.

Die Norm beinhaltet einige Beispiele zur Dialoggestaltung, jedoch keine Handlungsanleitung. Derzeit sind auch keine Erweiterungen zur Umsetzung der Norm vorgesehen. Was in der Norm ebenfalls nicht abgehandelt wird, sind die Zusammenhänge zur Schnittstelle „Organisation“ und die Persönlichkeitsförderlichkeit (Cakir 1990).

3.3.1.2 ISO-Norm 9241

Mit der Entwicklung der ISO-Norm 9241 „Ergonomic requirements for office work with visual display terminals (VDTs)“ (ISO 9241, 1993) wird dem Bestreben nach internationalen Normen im Bereich der Bildschirmarbeit Rechnung getragen. Die Norm behandelt sowohl hardware- als auch software-ergonomische Aspekte und ist in derzeit 17 Teile gegliedert. Eine Erweiterung der Norm ist vorgesehen. Das vorläufige Inhaltsverzeichnis ist in Tab. 3.5 wiedergegeben.

ISO 9241	
Teil 1	Allgemeine Einleitung (General Introduction)
Teil 2	Aufgabenanforderungen (Guidance on task requirements)
Teil 3	Bildschirmanforderungen (Visual display requirements)
Teil 4	Tastaturanforderungen (Keyboard requirements)
Teil 5	Arbeitsplatzgestaltung und Haltungsanforderungen (Workstation layout and postural requirements)
Teil 6	Umgebungsanforderungen (Environmental requirements)
Teil 7	Bildschirmreflektion (Dispaly requirements with reflections)
Teil 8	Anforderungen für Farbanzeige (Requirements for displayed colours)
Teil 9	Anforderungen für Eingabegeräte (außer Tastatur), (Requirements for non-keyboard input devices)
Teil 10	Dialoggrundsätze (Dialogue principles)
Teil 11	Benutzbarkeitsprinzipien (Usability statements)
Teil 12	Informationspräsentation (Presentation of information)
Teil 13	Benutzerführung (User guidance)
Teil 14	Menüdialoge (Menu dialogues)
Teil 15	Kommandodialoge (Command dialogues)
Teil 16	Direkt manipulative Dialoge (Direct manipulation dialogues)
Teil 17	Formulardialoge (Form filling dialogues)

Tab. 3.5: Die Teile 1-17 der ISO 9241 (ISO 9241, 1993)

Zusammengefaßt werden in den Teilen 2, 5 und 6 die Aufgaben und die Arbeitsumgebung beschrieben. In den Teilen 3, 4, 7, 8, und 9 werden hardware-ergonomische Aspekte behandelt, während die Teile 10 - 17 sich mit der software-ergonomischen Seite der Arbeit am Bildschirm befassen. Die ISO-Norm ist zum Teil bereits als DIS (Draft International Standard) bzw. IS (International Standard) vorhanden, zum Teil noch im Entwurfsstadium. Als beispielhaft können die sehr gut belegten Richtlinien im Teil 14 (Menüdialoge) bezeichnet werden. Durch eine Kategorisierung der zur Verfügung stehenden Literatur hat man versucht, die Belegbarkeit einer jeden Richtlinie im Entstehungsprozeß der Norm transparent zu machen. Dadurch konnte zum einen die Wichtigkeit und zum andern die Häufigkeit des Vorkommens in der Literatur abgeschätzt werden. In Tab. 3.6 ist ein Beispiel einer Richtlinie angegeben.

5.2.2 Command line location	
If a command line is used for entering option codes or names, it should be located at a fixed location on or relative to the menu panel and across menu panels.	
Example 1	A command line is located at the bottom of the screen (or window area) and is consistently located in that area throughout the application.
Example 2	A command line is located to the right of the menu panel and is consistently located in that position throughout the application.
Dialogue principle	User expectations
Conformance	Applicability - system description or observation Compliance - observation

Tab. 3.6: Beispiel-Richtlinie aus ISO 9241 Teil 14 (Menüdialoge) (ISO 9241, 1993)

3.3.2 Richtlinien

3.3.2.1 VDI-Richtlinie 5005

Die VDI-Richtlinie 5005 „Software-Ergonomie in der Bürokommunikation" (VDI Richtlinie 5005, 1991) beschreibt in einem integrierten Ansatz eine Vorgehensweise zur Einbindung der Software-Ergonomie in die Systemgestaltung. Innerhalb eines Modellrahmens für die Software-Ergonomie wird zwischen einem Handlungsmodell für den Benutzer und einem Anwendungsmodell für die Bürokommunikation unterschieden. Auf vier verschiedenen Abstraktionensebenen (Aufgabenebene, funktionale Ebene, operative Ebene, Ein-/Ausgabe-Ebene) werden die drei Bewertungskriterien Kompetenzförderlichkeit, Handlungsflexibilität und Aufgabenangemessenheit formuliert, die bei der software-ergonomischen Gestaltung der Mensch-Rechner-Interaktion berücksichtigt werden sollen (Abb. 3.4 und 3.5).

Abstraktionsebenen	dargestellt werden
Aufgabenebene	Aufgaben in der Bürokommunikation
funktionale Ebene	Objekte und Funktionen der Bürokommunikation
operative Ebene	Struktur und Ablauf von Benutzeroperationen
Ein-/Ausgabenebene	Operationseingaben und Informationsausgaben

Abb. 3.4: Abstraktionsebenen des VDI-Modellrahmens für die Software-Ergonomie (nach VDI Richtlinie 5005, 1991)

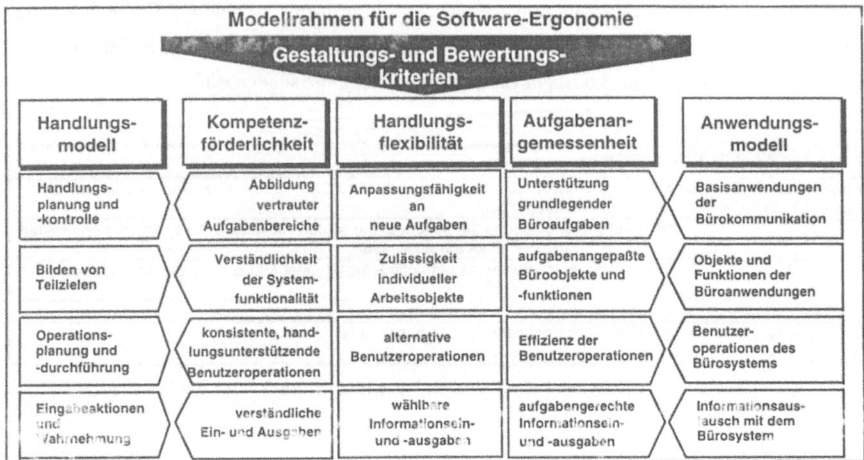

Abb. 3.5: Modellrahmen für die Software-Ergonomie (nach VDI Richtlinie 5005, 1991)

Ausgehend vom Handlungsmodell sollen über das Anwendungsmodell in einem dritten Schritt die Gestaltungs- und Bewertungskriterien für die Systemgestaltung in den vier Abstraktionsebenen herangezogen werden. Eine ausführliche Erläuterung findet sich auch in Ziegler (Ziegler, 1987; Ziegler, 1988).

3.3.2.2 EG-Richtlinie 90/270/EWG

EG-Richtlinien (jetzt EU) haben gesetzliche Gültigkeit. Im Zusammenhang mit der Arbeit am Bildschirmgerät und der Gestaltung der Software ist die EG-Richtlinie 90/270/EWG „Mensch-Maschine-Schnittstelle“ (EG-Richtlinie, 1990) maßgebend. In Verbindung mit der ISO-Norm 9241 wird sie die wichtigste Regelung „über die Mindestanforderungen bezüglich der Sicherheit und des Gesundheitsschutzes bei der Arbeit an Bildschirmgeräten“ bilden. In nationales Recht umgesetzt wird die EG-Richtlinie 90/270/EWG durch die Verordnung über Sicherheit und Gesundheitsschutz bei der Arbeit an Bildschirmgeräten (BildscharbV, 1996) vom 4. Dezember 1996 aufgrund des § 19 des Arbeitsschutzgesetzes vom 7. August 1996 (Arbeitsschutzgesetz, 1996). Die EG-Richtlinie faßt dabei für die Software-Gestaltung die in Tab. 3.7 aufgeführten Faktoren zusammen (EG-Richtlinie, 1990).

Dabei hat der Arbeitgeber geeignete Maßnahmen zu treffen, damit die Bildschirmarbeitsplätze den o. g. Anforderungen und sonstiger Rechtsvorschriften entsprechen. Dies hat spätestens bis zum 31. Dezember 1999 zu geschehen. Für die Umsetzung der Rechtsvorschriften können

Handbücher (Burmester et al., 1997) eingesetzt und Hinweise aus der Literatur (Görner & Bullinger, 1995; Kern, 1997) entnommen werden.

Bei Konzipierung, Auswahl, Erwerb und Änderung von Software sowie bei der Gestaltung von Tätigkeiten, bei denen Bildschirmgeräte zum Einsatz kommen, hat der Arbeitgeber folgenden Faktoren Rechnung zu tragen:	
a)	Die Software muß der auszuführenden Tätigkeit angepaßt sein.
b)	Die Software muß benutzerfreundlich sein und gegebenenfalls dem Kenntnis- und Erfahrungsstand des Benutzers angepaßt werden können; ohne Wissen des Arbeitnehmers darf keinerlei Vorrichtung zur quantitativen oder qualitativen Kontrolle verwendet werden.
c)	Die Systeme müssen den Arbeitnehmern Angaben über die jeweiligen Abläufe bieten.
d)	Die Systeme müssen die Informationen in einem Format und einem Tempo anzeigen, das den Benutzern angepaßt ist.
e)	Die Grundsätze der Ergonomie sind insbesondere auf die Verarbeitung von Informationen durch den Menschen anzuwenden.

Tab. 3.7: Anhang der EG-Richtlinie 90/270/EWG zur Software-Gestaltung (EG-Richtlinie, 1990)

Nach Cakir (Cakir, 1992) kommt die wirksamste und größte Änderung für den Software-Entwickler außer durch die EG-Richtlinien und die verbindlichen Normen, die den Stand der Technik beschreiben, auch durch sonstige rechtliche Grundlagen, wie z. B. die Produkthaftung. Dabei beschränkt sich die Produkthaftung nicht mehr allein auf Büroanwendungen, sondern durch die generelle Geltung der Richtlinien auf mit wenigen Ausnahmen alle Anwendungen.

3.3.3 Herstellerspezifische Richtlinien (Marktstandards)

Grafisch interaktive Benutzungsschnittstellen sind heute für Personal Computer (PC) und Workstations breit verfügbar, wobei jedoch jeder Hersteller seine eigenen Entwicklungswege beschritten hat. Die Vielfalt der am Markt verfügbaren grafischen Benutzungsschnittstellen stellt für den Benutzer eine irritierende Tatsache dar, wenn auch die Unterschiede der Schnittstellen zuweilen sehr gering sind. Die Hersteller bemühen sich weltweit um eine Standardisierung ihrer grafischen Benutzungsoberflächen. Diese Standardisierung betrifft hauptsächlich den Bereich des „Look-and-Feel“ (Look = visuelle Ausprägung der Benutzungsschnittstelle, Feel = deren Handhabung), muß aber durch eine dahinterstehende Software-Technologie, den entsprechenden Fenstersystemen und Toolkits, unterstützt werden. Das Look and Feel wird in Richtliniensammlungen, den sogenannten Styleguides, beschrieben. Darin finden sich neben den Beschreibungen der einzelnen Elemente einer Benutzungsoberfläche auch die zugrundeliegenden Gestaltungsprinzipien und eine mehr oder weniger ausgeprägte Beschreibung möglicher Dialoggestaltungen (Ilg & Görner, 1993; Ilg, 1993a; Eberleh, 1994).

3.3.3.1 Übersicht über die wichtigsten Marktstandards

Im UNIX-Bereich sind unter dem X-Window-System zwei nennenswerte Marktstandards entstanden: OPEN LOOK™ (SUN, 1990) und OSF/Motif™ (OSF = Open Software Foundation, OSF/Motif, 1990; 1993 und 1994). Die Benutzungsoberfläche OPEN LOOK ist ein Gemeinschaftsprojekt der amerikanischen Firmen SUN und AT&T. OSF ist der Zusammenschluß mehrerer Firmen (u. a. Apollo, Digital Equipment Corp., Microsoft, Hewlett-Packard, IBM, Siemens-Nixdorf Informationssysteme) mit dem Ziel, eine Vereinheitlichung der Benutzungsoberflächen zu erreichen und die Offenheit der Systeme voranzutreiben.

Eine der ersten Richtlinien zur Gestaltung der grafisch interaktiven Benutzungsschnittstelle hat Apple 1987 mit den Human Interface Guidelines (Apple, 1987) erarbeitet. Darin werden besonders die Prinzipien der direkt manipulativen Benutzungsoberfläche und deren Vorzüge hervorgehoben. Die typische visuelle Ausgestaltung der Elemente wird mit Beispielen belegt. Die Benutzungsoberfläche läuft auf den Apple-eigenen Betriebssystemen Apple Finder und Mac OS. Zum letztgenannten sind weitere Richtlinien veröffentlicht worden (Apple, 1992; 1997).

Ebenfalls 1987 kam durch die Entwicklung der neuen Gesamtarchitektur SAA (SAA = System Application Architecture) der IBM der CUA-Styleguide (CUA = Common User Access) heraus (IBM, 1987), der sowohl die bisherigen alphanumerischen als auch die neuen grafischen Benutzungsschnittstellen berücksichtigt. Mittlerweile sind bereits geänderte, erweiterte und neue Versionen erschienen (IBM, 1989a; 1989b; 1991a; 1991b; 1992a; 1992b), seit kurzer Zeit auch online verfügbare Richtlinien im Internet (IBM, 1997). Die Ausprägung der grafischen Benutzungsoberfläche wird mit dem IBM-Presentation Manager erreicht und ist auf dem IBM-Betriebssystem OS/2 lauffähig.

Der Software-Hersteller Microsoft (MS) hat für sein Fenstersystem MS-Windows 1992 und 1995 einen Styleguide herausgebracht (Microsoft, 1992; 1995a; 1995b), der vor allem die verfügbaren Elemente der grafischen Benutzungsoberfläche und die dahinterliegenden Konzepte und Prinzipien beschreibt. MS-Windows ist auf dem Betriebssystem MS-DOS lauffähig.

Deutschsprachige Richtliniensammlungen wurden 1990 von Siemens Nixdorf Informationssysteme (SNI) veröffentlicht (SNI, 1990). Inzwischen ist eine zweite Version dieser Richtlinien auf dem Markt (SNI, 1993). Diese beinhalten neben allgemeinen Gestaltungsprinzipien Definitionen der objektorientierten Interaktion sowie der Elemente einer grafischen Schnittstelle. Die Richtliniensammlung unterstützt die Benutzungsoberflächen MS-Windows, IBM-Presentation Manager und OSF/Motif. Die visuelle Darstellung der einzelnen Elemente ist allgemein gehalten. Dadurch wird eine über mehrere Oberflächen hinweg gültige Richtliniensammlung erreicht, die besonders dem Entwickler entgegenkommt, der eine Software auf verschiedenen Plattformen implementieren muß. Eine zusätzliche Checkliste soll den Entwickler und den Software-Qualitätsprüfer bei der Einhaltung der Richtlinien unterstützen sowie dem Software-Einkäufer dazu dienen, Abweichungen von den beschriebenen Richtlinien schnell und systematisch zu erkennen. Eine Richtliniensammlung für zeichen/zeilen-orientierte Benutzungsoberflächen (Alpha-Styleguide) wurde 1992 veröffentlicht (SNI, 1992).

Darüber hinaus existieren noch eine Reihe weiterer Richtlinien für andere Hardware- und Betriebssysteme, wie z. B. NeXTSTEP User Interface Guidelines (Eberleh, 1994), HP-New Wave, DECWindows oder Silicon Graphics´ User Interface Style Guidelines. Sie unterscheiden sich jedoch im Inhalt, Aussehen und in der Benutzung nur geringfügig oder spielen keine führende Rolle und werden deshalb nicht weiter ausgeführt.

3.3.3.2 Aufbau und Funktion der Marktstandards

Die Inhaltsverzeichnisse der Marktstandards (herstellerspezifische Richtlinien) für grafische Benutzungsoberflächen sind sehr ähnlich. In den ersten Kapiteln werden die Objektorientiertheit der Benutzungsschnittstellen, zugrundeliegende Modelle und Gestaltungsprinzipien aufgezeigt. In weiteren Kapiteln werden die Navigationsmechanismen, die Selektionsmechanismen und einzelne Elemente beschrieben. Der Anhang beinhaltet meist spezifische Hinweise zu Tastaturbelegungen, Übersetzungslisten und eventuell herstellerseitige Zertifizierungsmöglichkeiten. Glossar und Index erleichtern das Arbeiten mit diesen Richtliniensammlungen.

Die herstellerspezifischen Richtlinien sind vor allem für den Software-Entwickler geschrieben worden. Er muß bei seiner Entwicklungsarbeit diese Werke anwenden können. Dazu eignen sich besonders diejenigen Richtliniensammlungen, die als Nachschlagewerk konzipiert worden sind. Die oben erwähnten Marktstandards erfüllen nahezu alle diese Forderung in mehr oder weniger geeigneter Weise. Dabei kann festgestellt werden, daß in den einzelnen Werken unterschiedliches Gewicht auf die Unterstützung der Software-Entwicklungsarbeit gelegt worden ist. Besonders der Aspekt der Dialoggestaltung ist nur zum Teil in den Stylegudies in ausreichendem Maße berücksichtigt worden. Das bedeutet, daß eine Anwendungsentwicklung nicht allein durch einen Marktstandard unterstützt werden kann, sondern daß zusätzliche Richtliniensammlungen benötigt werden.

Eine Zusammenfassung der derzeit wichtigsten Styleguides, herstellerspzifischen Richtlinien bzw. Marktstandards ist in Tab. 3.8 dargestellt. Hierbei wird auch die Unterstützung für die Software-Entwickler im Bereich der Dialog- und Informationsgestaltung bewertet.

Styleguides, herstellerspezifische Richtlinien, Marktstandards	Plattform / Betriebssystem / Fenstersystem	alphanumerisch (A) oder grafisch (G)	Kriterienerfüllung nach DIN 66234 und ISO 9241	Bietet Dialoggestaltungshilfe für Entwickler	Bietet Informationsgestaltungshilfe für Entwickler
Apple Human Interface Guidelines (Apple, 1987; 1992; 1997)	Apple Finder, Mac OS	G	●	●	●
CUA Basic Design Guide (IBM, 1989a)	System 370, AS400, MVS, VM	A	●	◗	●
CUA Advanced Interface Design Guide (IBM, 1989b)	PC / OS/2 / Presentation Manager	G	●	●	●
CUA Guide to User Interface Design (IBM, 1991a)	PC / OS/2 / Presentation Manager	G	●	●	●
CUA Advanced Interface Design Reference (IBM ,1991b)	PC / OS/2 / Presentation Manager	G	●	●	●
CUA Interface Guidelines (IBM, 1992a)	PC/ OS/2 / Presentation Manager	G	●	●	●
CUA Guide to multimedia user interface design (IBM, 1992b)	PC / OS/2 / Presentation Manager	G	●	●	●
OSF/Motif Style Guide 1.1 (OSF/Motif, 1990)	Workstation / Unix / X-Window-System	G	●	◗	●
OSF/Motif Style Guide 1.2 (OSF/Motif, 1993)	Workstation / Unix / X-Window-System	G	●	◗	●
OSF/Motif Style Guide 2.0 (OSF/Motif, 1994)	Workstation / Unix / X-Window-System	G	●	●	●
OPEN LOOK (SUN, 1990)	Work-station / Unix / X-Window-System	G	●	●	●
Windows Application Design Guide (Microsoft, 1992)	PC / DOS / MS-Windows	G	●	◗	●
The Windows Interface Guidelines for Software Design (Microsoft, 1995b)	PC / DOS / MS-Windows	G	●	●	●
SNI Alpha-Styleguide (SNI, 1992)	BS2000 / SINIX	A	●	●	●
SNI Grafik-Styleguide (SNI, 1993)	X-Window-System, Presentation Manager, MS-Windows	G	●	●	●

Legende: ● = voll erfüllt, ◗ = teilweise erfüllt, G = grafisch, A = alphanumerisch

Tab. 3.8: Übersicht über Styleguides, herstellerspezifische Richtlinien bzw. Marktstandards und deren Bewertung zur Unterstützung der Software-Entwickler

3.3.3.3 Umsetzung der Marktstandards

Die Vielfalt der Marktstandards widerspricht dem vorrangigen Ziel einer Vereinheitlichung von Benutzungsoberflächen und damit einer über mehrere Systeme konsistenten Interaktion des

Benutzers mit dem Computer. Die Unterschiede der einzelnen Elemente einer Benutzungsoberfläche sind eher gering, jedoch muß mit erheblichen Unterschieden bei der Dialoggestaltung gerechnet werden. Das kann für den Benutzer bedeuten, daß er, falls er mit mehreren unterschiedlichen Systemen arbeiten muß, bei der Steuerung und Handhabung der Elemente unterschiedliche Funktionsweisen vor sich hat. Für den Entwickler heißt das, daß er allein mit den derzeit vorhandenen herstellerspezifischen Richtlinien keine automatisch benutzergerechten Softwarelösungen erreichen kann. Es ist notwendig, eine Standardisierung der Software-Gestaltung im eigenen Unternehmen zu erreichen. Dies kann z. B. durch die Entwicklung firmenspezifischer Richtlinienkataloge erfolgen (Bullinger et al., 1993), die generell in drei Kategorien eingeteilt werden können:

- Firmenspezifischer Richtlinienkatalog mit allen relevanten Informationen des Basis-Styleguides,
- Firmenspezifischer Richtlinienkatalog nur mit zusätzlichen Informationen, die im Basis-Styleguide nicht enthalten sind,
- Anwendungsspezifischer Richtlinienkatalog mit zusätzlichen Informationen für den Entwickler, die im Basis-Styleguide nicht enthalten sind.

Während ein firmenspezifischer Richtlinienkatalog unternehmensweite Gültigkeit haben sollte, kann ein anwendungsspezifischer Richtlinienkatalog eine sehr eng begrenzte Sichtweise auf nur ein Software-Produkt haben. Die zusätzlichen Informationen können aus software-ergonomischer Sicht sinnvolle Themen sein, wie z. B. Vorgehensweise zur Dialoggestaltung, Informationsgestaltung, Corporate Identity-Themen, Abkürzungslisten und gültige Normen.

Beispiele aus der Praxis zeigen, daß mit firmenspezifischen Richtlinien den Entwicklern eine gute Basis für konsistente und effiziente Anwendungsentwicklungen gegeben werden kann. Die Ausgestaltung der Richtlinien ist dabei von der Arbeitsweise der Entwickler abhängig. Die Konzipierung kann als Nachschlagewerk oder als Sammlung von firmeninternen Normen, als Checkliste oder in Form von Arbeitsblättern, generell als Papierversion oder als rechnergestütztes Werkzeug, erfolgen.

Derzeit existieren sehr wenig rechnergestützte Richtlinien, die sich zum Nachschlagen eignen. Häufig wurden nur die auf Papier vorhandenen Richtlinien auf dem Rechner verfügbar gemacht. Suchkonzepte zum Auffinden der relevanten Informationen fehlen oder sind ansatzweise in Form von Hypertextrecherchen realisiert worden (Berk & Devlin, 1991; Meyerhoff, 1994; Kuhlen & Rittberger, 1995; Nielsen, 1996). In Zukunft kann es für den Entwickler sinnvoll sein, daß er neben reinen Text- und Bildinformationen auch Dialogbeispiele erhält. Diese Beispiele könnten so gestaltet sein, daß sie reine Anschauungsobjekte darstellen oder bereits vorgefertigte Programmbestandteile sind. Findet der Entwickler eine Lösung für sein Problem, kann er diese Beispiellösung in sein Programm übernehmen. Für diese Art der Dialogbeispiele fehlt bisher die Grundlage und ein entsprechendes Werkzeug zur Implementierung. Die in dieser Arbeit vorgestellte Vorgehensweise zur Entwicklung von rechnergestützten Gestaltungsvorgaben und Standard-Dialogbausteinen ist ein erster Schritt in diese Richtung.

3.3.4 Software-ergonomische Gütekriterien in Normen, Richtlinien und Marktstandards

Die in den Normen und Regelwerken verwendeten software-ergonomischen Gütekriterien sind fast alle auf die Arbeiten von Dzida et al. (Dzida et al., 1978) zurückzuführen. Von den in seiner Arbeit genannten sieben Kriterien: Selbsterklärungsfähigkeit, Steuerbarkeit, Erlernbarkeit, Aufgabenangemessenheit, Erwartungskonformität, Handlungsflexibilität, Fehlertoleranz sind fünf Kriterien in fast unveränderter Form in die DIN-Norm 66234, Teil 8, übernommen worden.

In der VDI-Richtlinie 5005 standen andere Aspekte im Vordergrund. Die Richtlinie soll Konzepte, Prinzipien und Vorgehensweisen in einer zukunftsgerichteten Weise vermitteln (Ziegler, 1988). Andere Normungsaktivitäten (z. B. DIN 66234, Teil 8; ISO 9241) versuchen, Standards für den gesamten Bereich interaktiver Informationsverarbeitungssysteme aufzustellen und den Wissensstand für eingeführte Techniken zu dokumentieren. Hierbei werden z. B. Regeln für die Gestaltung von Menüs oder zur Informationsgestaltung am Bildschirm erarbeitet.

Die VDI-Richtlinie zielt dagegen auf eine durchgängige und strukturierte Betrachtungsweise bei der Gestaltung speziell von Bürokommunikationssystemen ab. Einzelne Gestaltungsziele können am jeweiligen System durchaus unterschiedlich realisiert werden. Deshalb sind auch keine Detailgestaltungsvorschriften angegeben worden. Es wird versucht, mit drei Leitkriterien für eine benutzer- und aufgabengerechte Gestaltung der Interaktion zwischen Mensch und Rechner auszukommen.

Im Teil 10 der ISO 9241 werden sieben Kriterien zur benutzer- und aufgabenangemessenen Gestaltung der Mensch-Rechner-Schnittstelle definiert: Aufgabenangemessenheit, Selbstbeschreibungsfähigkeit, Steuerbarkeit, Erwartungskonformität, Fehlerrobustheit, Individualisierbarkeit und Erlernbarkeit. In Tab. 3.9 sind die Kriterien der verschiedenen Quellen gegenübergestellt.

Dzida et al. (1978)	DIN 66234, Teil 8 (1988)	VDI 5005 (1990)	ISO 9241 (1991)
Aufgabenangemessenheit	Aufgabenangemessenheit	Aufgabenangemessenheit	Aufgabenangemessenheit
Selbsterklärungsfähigkeit	Selbstbeschreibungsfähigkeit		Selbstbeschreibungsfähigkeit
Steuerbarkeit	Steuerbarkeit		Steuerbarkeit
Erwartungskonformität	Erwartungskonformität		Erwartungskonformität
Fehlertoleranz	Fehlerrobustheit		Fehlerrobustheit
Erlernbarkeit			Erlernbarkeit
Handlungsflexibilität		Handlungsflexibilität	
			Individualisierbarkeit
		Kompetenzförderlichkeit	

Tab. 3.9: Software-ergonomische Gestaltungskriterien im Vergleich

In den Richtliniensammlungen der verschiedenen Hersteller werden software-ergonomische Gestaltungsprinzipien beschrieben, die den einzelnen Mensch-Rechner-Schnittstellen zugrunde gelegt sind. Vergleicht man diese Gestaltungsprinzipien mit den 5 Grundsätzen aus der DIN 66234, Teil 8, so lassen sich unterschiedliche Profile bezüglich des Erfüllungsgrades ermitteln.

IBM SAA/CUA	Aufgabenangemessenheit	Selbstbeschreibungsfähigkeit	Steuerbarkeit	Erwartungskonformität	Fehlerrobustheit
Vernünftiger Einsatz von Arbeitsmodi	◗	◗	◗	○	○
Dialog mit dem Benutzer	○	◗	○	○	●
Direkte Rückmeldung	○	◗	○	○	○
Widerrufbarkeit von Aktionen	○	○	○	○	●
Anpassung des Programms an die Fähigkeiten des Benutzers	○	○	●	○	○
„Making the User Interface transparent“	●	○	○	○	○
Anpassung des Programms an die Bedürfnisse des Benutzers	○	○	●	○	○
Erstellen von sinnvollen und realitätsnahen Objekten	○	◗	○	●	○
Kontinuität innerhalb der Anwendung	○	○	○	●	○
Ästhetische Aspekte	○	◗	○	◗	○
Methaphern aus der realen Welt	○	◗	○	○	○

Legende: ● = voll erfüllt, ◗ = teilweise erfüllt, ○ = nicht erfüllt

Tab. 3.10: Erfüllung software-ergonomischer Kriterien nach DIN 66234, Teil 8, am Beispiel von herstellerspezifischen Richtlinien; hier: IBM SAA/Common User Access (IBM, 1992)

Apple Guidelines	Aufgabenangemessenheit	Selbstbeschreibungsfähigkeit	Steuerbarkeit	Erwartungskonformität	Fehlerrobustheit
Methaphern aus der relaen Welt	○	◗	○	◗	○
Direkte Manipulation	○	◗	○	●	○
Sehen und zeigen	○	○	◗	○	○
Konsistenz	○	○	○	●	○
WYSIWYG (What You See Is What You Get)	○	◗	○	◗	○
Der Benutzer als aktives Element	◗	○	●	○	○
Rückmeldung und Dialog	◗	●	○	○	○
Fehlerrobustheit	○	○	○	○	●
Erkennbare Beständigkeit	○	◗	○	◗	○
Ästhetische Aspekte	○	◗	○	◗	○

Legende: ● = voll erfüllt, ◗ = teilweise erfüllt, ○ = nicht erfüllt

Tab. 3.11: Erfüllung software-ergonomischer Kriterien nach DIN 66234, Teil 8, am Beispiel von herstellerspezifischen Richtlinien; hier: Apple Human Interface Guidelines (Apple, 1987 und 1992)

In Tab. 3.10 und Tab. 3.11 sind solche Vergleiche mittels einer Matrix am Beispiel des IBM SAA/Common User Access (IBM, 1992) und den Apple Human Interface Guidelines (Apple, 1987 und 1992) wiedergegeben.

Zusammenfassend kann gesagt werden, daß die erwähnten herstellerspezifischen Richtlinien die Gütekriterien der Normen berücksichtigen, wenn sie auch in anderer Gewichtung in den einzelnen Werken erscheinen. Daraus kann der Schluß gezogen werden, daß die Hersteller bei der Konzipierung der grafischen Benutzungsschnittstellen großen Wert auf die Benutzbarkeit gelegt haben.

4 Interaktive Dokumentationssysteme

4.1 Zum Einsatz von Dokumentationssystemen

Computersysteme sind mittlerweile sehr komplex geworden und die dazugehörigen Handbücher und Dokumentationen werden umfangreicher, haben unterschiedliche Qualität und sind schwer handzuhaben (Lehner, 1994). Oft sind die Handbücher am Arbeitsplatz nicht verfügbar oder nicht aktuell. Abhilfe können online verfügbare Dokumentationssysteme schaffen, die dem Programmierer ein kontextsensitives Hilfesystem bieten, dem Organisator oder Qualitätssicherer als Handbuch dienen oder als allgemeine themenspezifische Richtliniensammlung zur Entwicklung und Einhaltung zukünftiger Benutzungsschnittstellen eingesetzt werden. Eine wichtige Forderung ist demnach die leichte Erweiterbarkeit und die flexible Einsatzfähigkeit solcher Systeme.

4.2 Anforderungen an interaktive Dokumentationssysteme

Für den Anwendungsprogrammierer ist es naheliegend, daß er an seinem Arbeitsplatz vom Arbeitswerkzeug Computer entsprechend unterstützt wird. Eine Online-Dokumentation kann deshalb als ein geeignetes Arbeitsmittel bezeichnet werden. Die Vorteile und damit die Anforderungen an interaktive Dokumentationssysteme können wie folgt zusammengefaßt werden:

- Bedienung wie ein Buch

  Die wichtigen Strukturelemente von Handbüchern werden von einem interaktiven Dokumentationssystem nachgebildet. Besonders die Elemente Inhaltsverzeichnis, Glossar, Register, Abkürzungs- und Abbildungsverzeichnis vereinfachen den Einstieg von ungeübten Anwendern.

- Hyperstrukturen

  Ein interaktives Dokumentationssystem ermöglicht die Verwendung von hypermedia-artigen Zugriffsstrukturen und somit einen schnellen Zugriff auf gewünschte Informationen. Ebenfalls soll eine Volltextsuche möglich sein. Mehrere tausend Seiten Text könnten nach bestimmten Phrasen durchsucht werden. Dies soll auch „unscharf" durchgeführt werden können.

- Anbindung von Multimedia

  Ein interaktives Dokumentationssystem kann durch Bild-, Video- oder Toneinspielungen ergänzt werden und somit eine verbesserte Informationsaufbereitung zur Verfügung stellen.

- Anwenderspezifische Individualisierung

  Das Handbuch kann anwenderbezogen mit Notizen, Lesezeichen oder anwenderspezifischen Style-Vorgaben ergänzt werden. Diese Ergänzungen können individuell oder für einzelne Organisationseinheiten abgestuft vorgenommen werden.

- Erweiterbarkeit und Lokalisierbarkeit

  Für Anpassungen an lokale Bedürfnisse (Firmenspezifika, Anwendungsspezifika, Länderspezifika) stellt ein interaktives Dokumentationssystem einen Werkzeugkasten bereit. Es wird deshalb mit Hilfe eines User Interface Management Systems (UIMS) entwickelt. Bei Beherrschung der Entwicklungsumgebung können mit Hilfe des Werkzeugkastens entsprechende Erweiterungen und Lokalisierungen vorgenommen werden. Die Ablage der Texte des interaktiven Dokumentationssystems erfolgt in einer systemunabhängigen Datenbank, um größtmögliche Flexibilität zu erreichen.

- Integration mit DV-Anwendungen

  Ein interaktives Dokumentationssystem kann in neu erstellte oder bestehend Anwendungen als kontextsensitives Hilfesystem integriert werden. Dabei muß es möglich sein, daß es mit mehreren voneinander unabhängigen Anwendungen kommuniziert. Auf die Einhaltung eines einheitlichen Styles ist dabei zu achten.

- Verwendung von Standard-Umgebungen

  Für die Erstellung von Online- und gedruckten Handbüchern müssen Standard-Systeme wie z. B. Textverarbeitungsprogramme verwendet werden dürfen. Die Pflege der beiden Ausprägungen erfolgt in einer Quelle. Weiterhin sollen Autorenumgebungen wie z. B. LATEX oder Markup Sprachen wie SGML (Standard Generalized Markup Language) verwendbar sein.

- Portabilität und Flexibilität

  Ein interaktives Dokumentationssystem ist plattformunabhängig in bezug auf die wesentlichen heute verwendeten Industriestandards MS-Windows, OS/2, Windows NT und die verschiedenen Unix-Derivate. Der Vorteil ist dabei, daß z. B. ein Online-Hilfesystem für eine Unix-basierte Anwendung mit MS Word für Windows 2.0 oder MS Word 6.0 auf einem PC erstellt werden kann. Die Portabilität und Flexibilität wird durch die Verwendung des portablen User Interface Management Systems gewährleistet.

- Wirtschaftlichkeit

  Bei der Verwendung eines interaktiven Dokumentationssystems als Online-Medium soll sich der Aufwand für das Vervielfältigen und die Verbreitung von Dokumentation im Gegensatz zur Papierdokumentation erheblich reduzieren. Demgegenüber kann ein erhöhter Aufwand bei der Erstellung der Online-Dokumentation entstehen. Mit interaktiven Dokumentationssystemen bieten sich jedoch verbesserte Möglichkeiten einer kürzeren Neuauflage und damit sehr aktuelle Informationen für den Benutzer.

4.3 Das interaktive Dokumentationssystem IDS

Das interaktive Dokumentationssystem IDS ist ein Werkzeug zur Erstellung von elektronischen Büchern und Online-Hilfe-Systemen für grafisch-interaktive Anwendungen. Es kann auch als Autorensystem bezeichnet werden.

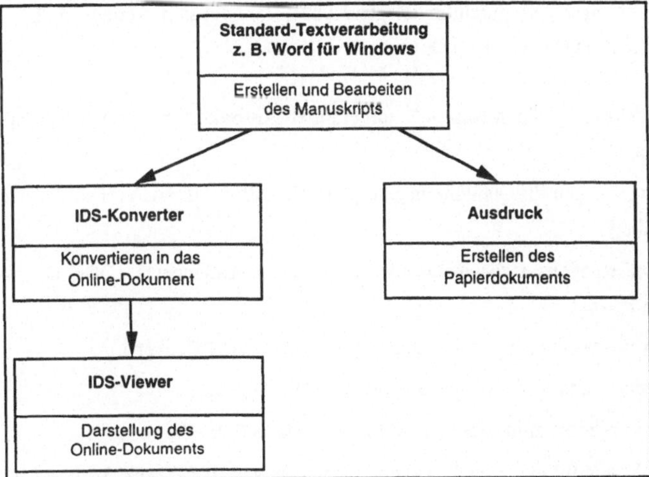

Abb. 4.1: Vereinfachte Darstellung vom Aufbau des interaktiven Dokumentationssystems IDS

Die Dokumentation oder das Manuskript wird mit Hilfe der Textverarbeitung erstellt und gepflegt. Der Ausdruck auf Papier erfolgt ebenfalls durch die Textverarbeitung. Um ein Online-Dokument zu erhalten, werden zur Konvertierung des Textes Makros in das Manuskript integriert (Abb 4.1).

Im Gegensatz zu anderen Dokumentationssystemen (Autorensystemen) verwendet IDS keine spezielle Regelsprache für die Erstellung und Bearbeitung des Manuskripts. Der Autor kann im IDS die gewohnten Funktionalitäten der Textverarbeitung benutzen. Eine Einschränkung stellt nur die Anzahl der verwendbaren Absatz- und Zeichenformate dar (siehe Anhang Kap. 12.4). IDS übernimmt bei der Konvertierung in das Online-Dokument die eingegebene Gliederung, die Absatz- und Zeichenformate des Textes, sowie eingebundene Grafiken, Inhaltsverzeichnis, Stichwortregister und Querverweise. Dabei ist die Verwendung der Buchmetapher eine wesentliche Eigenschaft des IDS, d. h. daß der Anwender in der Online-Darstellung des Manuskripts die typischen Merkmale eines Buches wiederfindet wie z. B. sequentielles Blättern, Suchen im Register, Titelseite, Anlegen von Lesezeichen etc. Dazu wird auch die Gliederungsstruktur des Manuskripts übernommen und angezeigt. Dem Anwender wird es möglich gemacht, die charakteristischen Funktionen eines Online-Dokuments, wie interaktive Querverweise (Hyperlinks), Volltextsuche und Historienfunktion zu benutzen.

Zusätzlich bietet die Online-Darstellung der rechnergestützten Gestaltungsvorgaben mittels IDS-View die Möglichkeit, an beliebigen Textstellen Notizen zu erzeugen. So können z. B. bestimmte Gestaltungsregeln durch hinterlegte Notizen konkretisiert werden, d. h. an zielgruppenspezifische Bedürfnisse angepaßt werden.

Das IDS berücksichtigt die in Kap. 4.2 aufgeführten Anforderungen und besteht aus mehreren Komponenten:

- Editierumgebungen für Quelldokumente (z. B. IDS-Word, IDS-LATEX oder Interleaf bzw. FrameMaker),
- ODF-Repräsentationsmechanismus für Online-fähige Dokumente (ODF = Online Documentation Format),
- Konverter für das interne „Online Document Format" (IDS-Convert),
- Archivierungs- und Verwaltungskomponente (IDS-Archive),
- Laufzeitkomponente zum Arbeiten mit Inline-Büchern (IDS-Viewer),
- Werkzeugkasten für individuelle Anwenderumgebungen (IDS-Toolkit),
- Funktionsbibliothek zur Kommunikation zwischen der IDS-Laufzeitumgebung und externen Anwendungen (IDS-Wire).

Das Quelldokument wird mit Hilfe gängiger Textverarbeitungssysteme erfaßt. Ausgedruckt werden kann die Papierversion über die Funktionalität dieser Systeme. Vor der Präsentation des Dokuments auf dem Bildschirm wird es in das interne ODF-Format umgewandelt. Die Konvertierung erfolgt durch IDS-Convert. Dabei handelt es sich um ein Filterprogramm, das die Abbildung zwischen den oben genannten Editierumgebungen und IDS-View herstellt. Das Online Documentation Format ODF dient dabei als systemunabhängige Schnittstelle zwischen der Datenrepräsentation des Dokuments und IDS-View.

Die Präsentation des Dokuments auf dem Bildschirm wird von IDS-View realisiert. Durch die Unterteilung des Dokuments in kleinere logische Einheiten, den sog. Informationsknoten, wird die wesentliche Grundlage für die Navigationsfunktionalität von IDS-View geschaffen. Die Komponente ODF enthält neben den textuellen auch strukturelle Informationen, die zur interaktiven Arbeit am Bildschirm notwendig sind. Hierzu gehören z. B. die Untergliederung des Dokuments, Querverweise und das Stichwortverzeichnis. Die sehr breit angelegten Möglichkeiten der Layout- und Typographie-Gestaltung, wie sie in DTP-Systemen zur Verfügung gestellt werden, wurden in ODF bewußt eingeschränkt. Es soll damit eine übersichtliche und einheitliche Präsentation auf einem breiten Spektrum von Fenstersystemen möglich gemacht werden.

4.3.1 Dokumenterstellung mit IDS

Im IDS wurden dem Benutzer bewußt keine Spezialwerkzeuge aus dem Bereich von Dokumentauszeichnungssprachen zur Verfügung gestellt. Vielmehr soll der Benutzer auf gewohnte PC-Funktionalität mit den entsprechenden Textverarbeitungssystemen zurückgreifen. Die Kernelemente der Dokumente wie Aufzählungen, Tabellen, Querverweise und die Einbindung von Grafiken, Inhaltsverzeichnis und Indizes werden daraus, sofern sie spezifiziert wurden, in IDS-View automatisch erzeugt. Das RTF-Format (Rich Text Format) dient dabei als Übertragungsformat.

In IDS-Word und IDS-LATEX wurden die Benutzungsoberflächen der zugrundeliegenden Standardwerkzeuge um spezifische Menüs und Dialogfelder ergänzt. Mit der Zusatzfunktionalität werden die erweiterten interaktiven Fähigkeiten eines elektronischen Buches definiert. Auch Dokumente aus anderen Standardwerkzeugen im Bereich der Grafik, der Tabellenkalkulation, der Planungssysteme, des Datenbankmanagements und der Reportgenerierung können in ein zusammengesetztes Dokument eingebunden werden. Neben den Standard-PC-Werkzeugen können auch Auszeichnungssprachen (Markup-Languages) als Repräsentationsmechanismus einschließlich entsprechender Editierwerkzeuge verwendet werden. Am bekanntesten sind hier LATEX, eine Auszeichnungssprache einschließlich Editor, sowie SGML mit Editierwerkzeugen bzw. Dokumentenmanagement-Systemen wie Interleaf bzw. FrameMaker. Das Ziel dieser Flexibilität war, daß ein gemeinsames Quelldokument für das elektronische Buch und die Papierversion gepflegt werden kann. Bei den späteren Konvertierungs-, Umsetzungs- und Darstellungsprozessen werden die wesentlichen Formatierungs- und Auszeichnungselemente aus dieser Repräsentation übernommen und für das jeweilige Präsentationsmedium (Papier/Bildschirm) aufbereitet.

4.3.2 Die spezifische Markup-Sprache ODF - Online Documentation Format

Elemente eines Textdokuments, die nicht den Inhalt repräsentieren, werden als „Auszeichnung“ bzw. „Markup“ bezeichnet. Unterschieden wird hierbei in prozedurales Markup, das die Formatierungsbefehle für das Layout und die Erscheinung der entsprechenden Texte beinhaltet, und in generisches Markup, das die logischen Elemente eines Textes kenntlich macht, also z. B. Kapitelüberschriften, Absätze, Tabellenköpfe, Tabellenfüße. Durch diese Trennung des Inhalts des Dokuments in inhaltsbezogenen Text sowie prozedurales und generisches Markup wird eine wesentlich höhere Flexibilität bei der Bearbeitung und Präsentation von Dokumenten erreicht. Ein weiterer Vorteil bietet sich in der Portabilität für verschiedene Zielmedien (Druck und unterschiedliche EDV-Plattformen).

ODF ist eine spezifische Markup-Sprache. Sie enthält alle Informationen, die vom IDS-Viewer zur Bildschirmdarstellung und zur Navigation im Text benötigt werden. ODF umfaßt damit eine Vielzahl von strukturellen und typographischen Elementen für Aufzählungen, Listen, komplexe Tabellen, Grafiken, mathematische Formeln, Querverweise und Verweise auf extern angebundene Funktionen. Die verschiedenen in ODF repräsentierten Online-Dokumente werden durch die Komponente IDS-Shell verwaltet und von IDS-View zur Laufzeit auf dem entsprechenden Bildschirm formatiert. Die Quelldokumente, die mit ODF konvertiert wurden, sind in den entsprechenden unterstützten Systemen (Word für Windows 2.0, Word 6.0 oder LATEX) unverändert für den gewohnten Ausdruck auf Papier verfügbar.

4.3.3 Textkonvertierung im IDS

Die Formate der Produkte Word für Windows 2.0, Word 6.0 und LATEX sowie Data Type Definitions (DTDs) der international normierten Markup-Sprache SGML sind die Standardformate der Editierumgebung. Die entsprechenden internen Formate werden von einem jeweils produktspezifischen Konvertierer in das interne ODF-Format überführt. Dieses Konvertierungsprogramm ist ein spezieller Filter für die entsprechenden Quellformate. Da ODF ein volldokumentiertes ASCII-Format darstellt, ist es relativ einfach, weitere Konverter für bisher nicht von IDS unterstützte Editoren oder Textformate zu implementieren.

4.3.4 IDS-View - Die Benutzersicht des IDS

IDS-View stellt die Präsentationskomponete des IDS dar. IDS-View ist plattformunabhängig und unterstützt alle gängigen Plattformen wie MS Windows, OS/2 und OSF/Motif sowie alphanumerische Terminals. Dabei paßt sich die Textdarstellung jeweils automatisch den Gegebenheiten der darunterliegenden Plattform an, d. h. Listen, Tabellen, Grafiken, Hyperlinks etc. werden entsprechend dem darunterliegenden System präsentiert. Es werden von IDS-View z. B. auch die Anpassungen an verschiedene Fenstergrößen vorgenommen.

Bestandteil von IDS-View ist auch ein interaktiver grafischer Browser zur Orientierung über die aktuelle Position im Handbuch und zur Präsentation eines Überblicks über den Aufbau des elektronischen Buches. Darüber hinaus enthält IDS-View Funktionen zur gezielten Textsuche und zur Volltextrecherche sowie eine Annotationsumgebung mit Funktionen für persönliche Notizen und Lesezeichen. Zusammengefaßt enthält IDS-View folgende Navigationsmöglichkeiten:

- Grafische Gliederung: Die hierarchische Gliederung des aktuellen Handbuchs wird grafisch dargestellt. Durch Anklicken mit dem Mauszeiger kann eine gewünschte Stelle direkt erreicht werden.
- Roter Faden: Es wird automatisch eine Liste der besuchten Informationsknoten erzeugt. So kann der Benutzer leicht zu früheren Textstellen zurückfinden.
- Sequentielle Navigation: Der Benutzer kann die Informationsknoten sequentiell durchblättern. Dies entspricht dem Blättern in einem Buch.
- Hierarchische Navigation: Direkte Sprungmöglichkeit von einem Unterkapitel in das übergeordnete Kapitel oder Überspringen von Unterkapiteln.
- Direkte Navigation: Der Benutzer kann einzelne Informationsknoten direkt über das Inhaltsverzeichnis, den Index oder das Abbildungsverzeichnis erreichen.
- Querverweise: Die im Text dargestellten Querverweise sind interaktive Elemente und können angeklickt werden. Der Benutzer gelangt damit an die entsprechende Stelle des Dokumentes.
- Stichwortsuche: Im Index kann der Benutzer nach einzelnen Stichworten suchen und ausgehend von der Liste gefundener Einträge die entsprechenden Informationsknoten auswählen.
- Freitextsuche: Der gesamte Dokumentationstext kann nach Begriffen durchsucht werden. Die Auswahl der gefundenen Textstellen erfolgt wie bei der Stichwortsuche.

Zusätzlich zur Struktur und Information des Dokuments kann der Benutzer eigene Lesehilfen hinzufügen:

- Lesezeichen: Wichtige Informationsknoten können mit benannten Lesezeichen zur leichteren Wiedererkennung markiert werden.
- Notizen: Der Benutzer kann an jeden Informationsknoten eigene Notizen heften, ähnlich dem Anheften von Haftnotizen in Büchern.

4.3.5 Die IDS-Shell

Die IDS-Shell ist eine grafische Benutzungsoberfläche in Form eines Autorenschreibtisches, mit der ein Autor die sogenannten Manuskripte im IDS anlegt und verwaltet. Ein Manuskript ist dabei intern als Verzeichnis innerhalb des zugrundeliegenden Dateisystems realisiert, das alle Informationen enthält, die einem bestimmten Handbuch zugeordnet sind. Dazu gehören im Regelfall der Quelltext in den entsprechenden Quellformaten, IDS-spezifische Informationsdateien, Grafikdateien oder andere einzubindende Dokumente. Mit der IDS-Shell können Handbücher und Bücherregale zur Liste der existierenden Bücher und Regale hinzugefügt oder daraus entfernt werden. Um die entsprechenden Handbücher einzusehen, kann aus der IDS-Shell heraus IDS-View gestartet werden. Für den Benutzer werden damit die organisatorischen Details eines Dateiverwaltungssystems dargestellt.

4.3.6 Das IDS-Toolkit

Mit dem IDS-Toolkit können individuelle Anpassungen der IDS-View-Komponente vorgenommen werden. Besonders spezielle Firmenrichtlinien, Hardwareanforderungen und eigene Dokumententypen und -formate (z. B. Grafikformate für technische Zeichnungen) können integriert werden. Die Gestaltung der Präsentationskomponente (z. B. Farbe, Schriftart, Layout) kann durch das IDS-Toolkit verändert werden. Es ermöglicht auch das Hinzufügen neuer Icons, Menüeinträge oder Dialogfelder, sowie die Anbindung von externen Anwendungen (z. B. das Abspielen von Videosequenzen).

4.3.7 Die IDS-Basis-Kommunikation mittels WIRE-Bibliothek

Für den Datenaustausch zwischen Fenstersystemanwendungen stellt die WIRE-Bibliothek (Window-based Interface for Remote Exchange) eine Programmierschnittstelle zur Verfügung. Sie ist für das Fenstersystem X-Windows unter Verwendung des X-Toolkits für MS Windows 3.1 und für Presentation Manager implementiert. Die WIRE-Bibliothek verwendet Funktionen des Fenstersystems als Kommunikationsbasis. Unter dem X-Window-System werden Daten über das X-Protocol und den X-Server ausgetauscht. Unter MS Windows und Presentation Manager wird der DDE-Mechanismus (Dynamic Data Exchange) eingesetzt. Anwendungen, die kein Fenstersystem verwenden, können mit der WIRE-Bibliothek keine Daten austauschen.

5 Rechnergestützte Gestaltungsvorgaben für eine benutzergerechte Softwareentwicklung

5.1 Anforderungen an rechnergestützte Gestaltungsvorgaben

Die wichtigsten Anforderungen an rechnergestützte Gestaltungsvorgaben sind zum einen die gleichzeitige Verfügbarkeit einer Online-Darstellung sowie einer Papierversion, zum anderen die Möglichkeit zur zielgruppenspezifischen Anpassung der Gestaltungsvorgaben. Die papiergebundene Version wird häufig für Dokumentationszwecke und als Diskussionsgrundlage in Gruppengesprächen verwendet. Daraus ergeben sich die Anforderungen an die Wahl eines Dokumentationssystems bzw. Autorensystems. Für die hier beschriebenen rechnergestützten Gestaltungsvorgaben wurde das interaktive Dokumentationssystem IDS (Kap. 4) verwendet, das die Anforderungen in hohem Maße erfüllt. Den letztendlichen Ausschlag für den Einsatz von IDS als Dokumentationssystem ergab die leichte Erlernbarkeit und Handhabbarkeit sowie die Verwendung von Standard-Textverarbeitungssystemen als Autorenumgebung.

5.2 Konzeption der rechnergestützten Gestaltungsvorgaben

Grundlage für die Implementierung der rechnergestützten Gestaltungsvorgaben ist eine möglichst vollständige inhaltliche und strukturelle Konzeption. Dabei muß bei der Konzeption auf folgende Themen eingegangen werden:

- Analyse des Einsatzgebietes,
- Analyse der Zielgruppe,
- Analyse der technischen Randbedingungen,
- Grobkonzept des Inhalts der rechnergestützten Gestaltungsvorgaben,
- Festlegen der globalen Struktur („Landkarte" der rechnergestützten Gestaltungsvorgaben),
- Festlegen der Informationstypen und der lokalen Struktur,
- Beschreibung eines Dialogelements,
- Einstiegspunkte in die rechnergestützten Gestaltungsvorgaben.

5.2.1 Analyse des Einsatzgebietes, der Zielgruppe und der technischen Randbedingungen

Die rechnergestützten Gestaltungsvorgaben sollen dem Benutzer als Leitfaden zur Gestaltung von grafischen Benutzungsschnittstellen (Anwendungsentwicklung) und zur Überprüfung

(Qualitätssicherung) dienen. Typische Benutzer der Gestaltungsvorgaben sind deshalb Anwendungsentwickler und Qualitätssicherer. Die Arbeitsweise dieser Benutzergruppen mit den rechnergestützten Gestaltungsvorgaben ist jeweils unterschiedlich. Der Anwendungsentwickler sieht in den Gestaltungsvorgaben eher ein Nachschlagewerk oder Reference Manual. Der Qualitätssicherer hingegen benötigt umfassende Kenntnisse über die Gestaltungsregeln und wird die rechnergestützten Gestaltungsvorgaben eher als Tutorial gebrauchen (Tutorial Manual). Dementsprechend muß sich dies im Aufbau und Inhalt der Gestaltungsvorgaben niederschlagen.

Die Verwendung einer Buchmetapher sowie des Dokumentationssystems IDS haben weitere Anforderungen zur Folge. Das System muß dem Benutzer zu jeder Zeit Auskunft darüber geben können, wo er sich befindet, was er tun kann und wie er diesen Dialog verlassen kann. Der Benutzer macht sich ein strukturelles Bild vom Aufbau der rechnergestützten Gestaltungsvorgaben und möchte vom System entsprechend unterstützt werden. Der Aufbau des Dokuments mittels einer Hypertextstruktur mit Hyperlinks kann den Benutzer bei der Informationssuche unterstützen. Hyperlinks sind dabei Verknüpfungen von einzelnen Informationsknoten, z. B. Seite oder Kapitel. Eine weitere Strukturierungsmaßnahme ist z. B. die Anordnung der Informationsknoten in einer hierarchischen oder sequentiellen Struktur (Abb. 5.1). Je weniger eingängig und konsistent die globale Strukturierung aufgebaut ist, desto mehr Schwierigkeiten wird der Benutzer haben, sich im Online-Dokument zurechtzufinden.

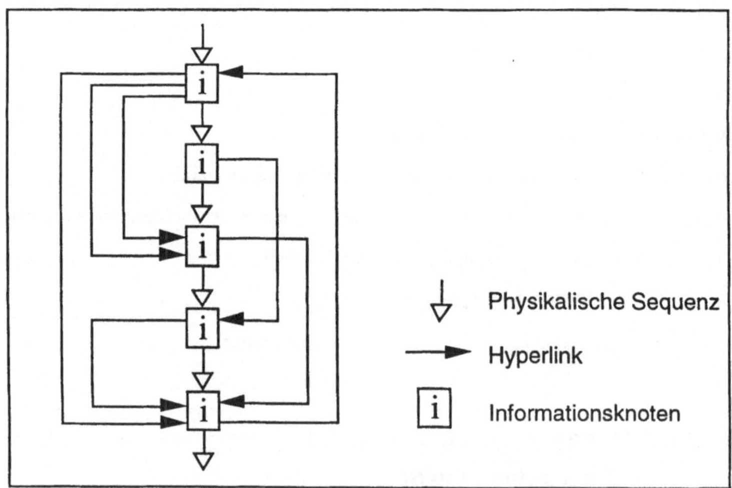

Abb. 5.1: Ausschnitt einer Modellstruktur für ein beliebiges Online-Dokument

Eine weitere Anforderung wird an die Aufbereitung der Information in den Informationsknoten gelegt. Das Dokumentationssystem IDS gibt hier bereits einiges vor, wie z. B. die Verwendung IDS-spezifischer Absatz- und Zeichenformate. Mit Hilfe dieser Formate kann die Darstellung der Information in den Informationsknoten strukturiert werden (lokale Struktur). Eine einmal gewählte Formatierung sollte konsistent im gesamten Dokument verwendet werden.

Die Entwicklung der lokalen Struktur, d. h. des Aufbaus eines Informationsknotens, wird durch die Zuordnung der Information zu unterschiedlichen Informationstypen erleichtert. Dazu wird die Information in einem ersten Schritt mit semantischen Auszeichnungen (Informationstypen) versehen (Abb. 5.2). Danach wird in einem zweiten Schritt den unterschiedlichen Informationstypen ein entsprechendes typografisches Format aus den IDS-spezifischen Formaten zugeordnet.

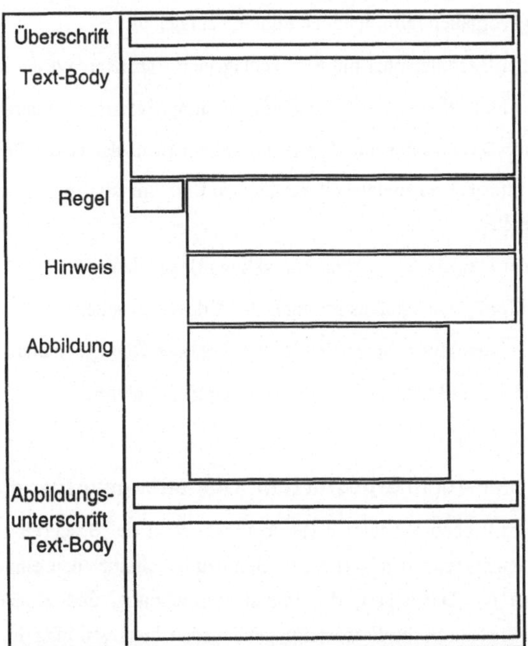

Abb. 5.2: Bildschirm-Layout für eine beispielhafte Anordnung von Information mit semantischen Auszeichnungen

Da der Benutzer der rechnergestützten Gestaltungsvorgaben am Bildschirm nur über ein beschränktes Sichtfenster verfügt, dürfen die einzelnen Informationsknoten nicht zu lang konzipiert werden. Es wird ansonsten ein erheblicher Interaktionsaufwand beim Lesen des Textes erforderlich (Scrolling des Textes). Aus dem gleichen Grund ist die Einbindung von großen Grafiken problematisch. Große Grafiken sollten deshalb in einem speziellen Grafik-Browser dargestellt werden, der durch einen speziellen Hinweis aus dem Informationsknoten aufgerufen werden kann. Ein Browser ist dabei ein Programm, das die Navigation in großen Informationsbeständen und das schnelle Durchsehen von gefundender Information unterstützt.

Darüber hinaus läßt die Online-Darstellung der Gestaltungsvorgaben weitere Formen der Informationsvermittlung zu, wie z. B. interaktive Beispiele zur Vermittlung des Look and Feel von Dialogelementen, animierte Gut/Schlecht-Beispiele oder wiederverwendbare Dialogbausteine. Die Dialogbausteine erfordern jedoch eine über das Autorensystem hinausgehende Software-Plattform.

Aufgrund der oben beschriebenen Aussagen wurde eine Anforderungsliste für die rechnergestützten Gestaltungsvorgaben mit folgenden Punkten aufgestellt:

- Verwendung einer Buchmetapher mit Nachschlagecharakter (Reference + Tutorial Manual),
- Integration von Möglichkeiten zur Informationsfindung (Reference Manual),
- Aufbau einer globalen Struktur mit Hyperlinks auf der Basis der Text-Gliederung,
- Zuordnung der Information zu unterschiedlichen Informationstypen wie z. B. Regeln, Hinweise, Grafiken etc.,
- Entwicklung einer lokalen Struktur mit interaktiven Beispielen,
- Umfang eines Informationsknotens mit max. 1-2 Bildschirmseiten,
- Einarbeitung von interaktiven Beispielen für beschriebene Dialogelemente,
- Darstellung großer Grafiken in einem speziellen Grafik-Browser.

5.2.2 Inhalt der rechnergestützten Gestaltungsvorgaben

In den herstellerspezifischen Richtlinien (Styleguides) steht die Beschreibung der Dialogelemente, die in den entsprechenden grafischen Benutzungsschnittstellen eingesetzt werden, im Vordergrund sowie die Darstellung der Interaktionstechniken und Konzepte der Fenstersysteme. Software-ergonomische Fragestellungen werden hingegen eher in den Normen und herstellerunabhängigen Richtlinien beschrieben.

Um der ganzheitlichen Sichtweise einer Schnittstellengestaltung gerecht zu werden, sollten in rechnergestützten Gestaltungsvorgaben sowohl die Aspekte der Dialogelemente, der Interaktionstechniken und der Fenstersysteme als auch die software-ergonomischen Fragestellungen aufgenommen werden. Die inhaltlichen Schwerpunkte sind demnach:

- Normen und herstellerunabhängige Regelwerke,
- Beschreibung von Dialogelementen,
- Beschreibung von Interaktionstechniken,
- Themen der Informationsgestaltung,
- Konzepte der Fenstersysteme.

Da die rechnergestützten Gestaltungsvorgaben auch als Nachschlagewerk dienen sollen, müssen geeignete Einstiegspunkte wie Register, Inhaltsverzeichnis etc. definiert werden. Darüber hinaus müssen noch die standardisierten Komponenten eines Buches wie Titelseite, Vorwort, Einführung, Quell- und Literaturverzeichnis integriert werden. Die Tab. 5.1 beinhaltet die Komponenten rechnergestützter Gestaltungsvorgaben nach Informationsknoten gegliedert. Eine Klassifizierung zu den o. g. Schwerpunkten ist angegeben. Die Hauptinformationsquelle, auf dem dieser Schwerpunkt basiert, wird ebenfalls genannt. Das gesamte Inhaltsverzeichnis der rechnergestützten Gestaltungsvorgaben befindet sich im Anhang Kap. 12.1.

5.2.3 Globale Struktur der rechnergestützten Gestaltungsvorgaben

Für die Orientierung des Benutzers ist die globale Struktur der rechnergestützten Gestaltungsvorgaben von entscheidender Bedeutung. Der Benutzer macht sich ein mentales Bild von der Gesamtstruktur der Gestaltungsvorgaben und versucht, jedes neue Element dieser Struktur zuzuordnen. Gelingt ihm dies, so wird die Arbeit mit den Richtlinien erleichtert. Das Dokumentationssystem IDS verwendet hierzu nicht wie in vielen anderen Autorensystemen die Hypertextstruktur, sondern die Gliederungsstruktur des Manuskripts. Die Hypertextstruktur kann unabhängig von der Gliederungsstruktur aufgebaut werden. Das bedeutet, daß sich der Benutzer sowohl anhand der Gliederung durch das Dokument bewegen kann, als auch mit Hilfe der angebotenen Hyperlinks. Für die Verwendung des Dokumentationssystems IDS als Werkzeug zur Erstellung rechnergestützter Gestaltungsvorgaben bedeutet dies jedoch, daß das Dokument eine sinnvolle Gliederung aufweisen muß, die sowohl der Online-Darstellung als auch der Papierversion genügen muß. Die Gliederung der rechnergestützten Gestaltungsvorgaben ist im Anhang wiedergegeben.

Die Auflistung der Regeln zur Beschreibung der Dialogelemente führt zu sehr großen Informationsknoten. Es wurde deshalb eine Unterstruktur eingeführt:

Informationsknoten	Inhalt	Klassifizierung	basiert generell auf
Titelseite	Titel der rechnergestützten Gestaltungsvorgaben	Standardbuchkomponente	-
Vorwort	Vorbemerkungen	Standardbuchkomponente	-
Inhaltsverzeichnis	Inhaltsverzeichnis der rechnergestützten Gestaltungsvorgaben	Einstiegspunkt	-
1. Was bieten die rechnergestützten Gestaltungsvorgaben?	Einleitung	Standardbuchkomponente	-
2. Arbeiten mit den rechnergestützten Gestaltungsvorgaben	Gebrauchsanweisung	Standardbuchkomponente	-
3. Wann ist Software bedienungsfreundlich?	Gestaltungsprinzipien für die Software	Normen und herstellerunabhängige Richtlinien	ISO 9241, DIN 66234, VDI 5005
4. Benutzungsoberfläche eines grafisch orientierten Systems	Konzepte grafischer Systeme	Konzepte der Fenstersysteme	Windows, CUA, Motif
5. Dialogelemente im Überblick	Entscheidungshilfe für die Auswahl eines Dialogelements	Einstiegspunkt	-
6. Grafische Symbole (Icons)	Regeln zu Icons	Beschreibung von Dialogelementen	Windows, CUA, Motif
7. Fenster	Regeln zu den unterschiedlichen Fensterarten von grafischen Benutzungsschnittstellen	Beschreibung von Dialogelementen	Windows, CUA, Motif
8. Menüs	Regeln zu den unterschiedlichen Menüs von grafischen Benutzungsschnittstellen	Beschreibung von Dialogelelementen	Windows, CUA, Motif
9. Dialogelemente des Arbeitsbereichs	Regeln zu den Dialogelementen des Arbeitsbereichs wie Auswahllisten, Radio Buttons, Kontrollfelder, Aktionstasten	Beschreibung von Dialogelementen	Windows, CUA, Motif
10. Navigation, Selektion und Aktivierung	Beschreibung der Navigations-, Selektions- und Aktivierungstechniken mit Maus und Tastatur	Beschreibung von Interaktionstechniken	Windows, CUA, Motif
11. Standard-Tastaturbelegung	Standard-Tastaturbelegung bei grafischen Benutzungsschnittstellen	Beschreibung von Interaktionstechniken	Windows, CUA, Motif
12. Systemmeldungen	Beschreibung der unterschiedlichen Meldungsarten bei grafischen Benutzungsschnittstellen	Thema der Informationsgestaltung	Windows, CUA, Motif, ISO 9241
13. Hilfe	Beschreibung der unterschiedlichen Hilfearten	Thema der Informationsgestaltung	Windows, CUA, Motif, ISO 9241
14. Einsatz von Farbe	Regeln zur Verwendung von Farbe	Thema der Informationsgestaltung	CUA, ISO 9241
15. Register	Stichwortverzeichnis	Einstiegspunkt	-
16. Glossar	Stichworterklärung	Einstiegspunkt	-
17. Synonyme	Darstellung der verschiedenen Synonyme für die in den rechnergestützten Gestaltungsvorgaben verwendeten Begriffe	Standardbuchkomponente	-
18. Literatur- und Quellenverzeichnis	Auflistung der Quellen, auf die die Gestaltungsvorgaben basieren, Liste der weiterführenden Literatur	Standardbuchkomponente	-

Tab. 5.1: Inhalt der rechnergestützten Gestaltungsvorgaben

- Übergeordneter Informationsknoten „Dialogelement X":
  - Definition des Dialogelements
  - Anwendungszweck des Dialogelements
  - Aufruf des interaktiven Beispiels
- Untergeordneter Informationsknoten „Layout des Dialogelements X":
  - Beschreibung des Layouts
  - Grafik des Dialogelements für MS Windows, OS/2 Presentation Manager und OSF/ Motif
  - Aufruf des interaktiven Beispiels
- Untergeordneter Informationsknoten „Interaktion mit Dialogelement X":
  - Beschreibung der Interaktion
  - Aufruf des interaktiven Beispiels

Durch die unabhängige Überlagerungsmöglichkeit einer netzartigen Hypertextstruktur über die baumartige Gliederungsstruktur können die Informationen schnell und ohne Umwege erreicht werden. Zur konsistenten Anwendung der Hyperlinks innerhalb der rechnergestützten Gestaltungsvorgaben wurden einige Regeln aufgestellt:

- Hyperlinks werden innerhalb eines Informationsknotens für alle Fachbegriffe erzeugt, die auch als Eintrag im Stichwortverzeichnis enthalten sind. Wird ein Fachbegriff mehrmals im Text eines Informationsknotens genannt, so wird nur die erste Nennung als Hyperlink gestaltet.
- Hyperlinks werden am Ende eines Informationsknotens als Verweis auf hierarchisch untergeordnete Informationsknoten eingefügt, sofern welche vorhanden sind.
- Hyperlinks werden am Ende eines Informationsknotens auf verwandte Themen erzeugt.

5.2.4 Informationstypen und die lokale Struktur der rechnergestützten Gestaltungsvorgaben

Die für die Gestaltung von Benutzungsschnittstellen relevante Information wird zur besseren Identifikation unterschiedlichen Informationstypen wie Regeln, Hinweisen, Grafiken etc. zugeordnet. Der häufigste Informationstyp ist die „Regel". Dabei sind „Muß-Regeln" Vorschriften, die bei der Gestaltung von Benutzungsschnittstellen unbedingt einzuhalten sind und die für alle Fenstersysteme Gültigkeit haben. Bei „Soll-Regeln" kann in begründeten Fällen von der Regel abgewichen werden. Dazu gibt es Regeln, die ausschließlich für das Fenstersystem „MS Windows", „OS/2 Presentation Manager" bzw. „OSF/Motif" gelten. In den Fällen, in denen die Regel eine firmen- oder anwendungsspezifische Konkretisierung erfordert, wird eine sinnvolle „Empfehlung" vorgegeben. Darüber hinaus können den Regeln noch „Hinweise" und erläuternde „Beispiele“ hinzugefügt werden. Die „interaktiven Beispiele“ und die „Grafiken“ ergänzen die Informationstypen.

Interaktive Beispiele sind selbständig ablauffähige Programme, die nach der Aktivierung eines entsprechenden Aufrufes aus dem Text der Gestaltungsvorgaben gestartet werden. Ebenso werden die Grafiken in einem speziellen Grafik-Browser dargestellt und mit Hilfe eines Aufrufes aus dem Text aktiviert.

Neben den informationstragenden Bestandteilen beinhaltet der Informationsknoten auch noch strukturierende Elemente wie Überschriften und insbesondere die interaktiven Querverweise (Hyperlinks). Tab. 5.2 faßt die Informationstypen zusammen.

Informationstyp	Beschreibung
Überschrift	Überschrift des Informationsknotens
Einführung/Erläuterung	Einführender oder erläuternder Text
Muß-Regel	Regel, die eingehalten werden muß und die für alle drei Fenstersysteme (MS Windows, OS/2 Presentation Manager und OSF/Motif) gilt.
Soll-Regel	Regel, von der in begründeten Fällen abgewichen werden kann.
Windows-Regel	Besonderheit für MS Windows
OS/2-Regel	Besonderheit für OS/2 Presentation Manager
OSF/Motif-Regel	Besonderheit für OSF/Motif
Empfehlung	Sinnvolle Ergänzung von Regeln, die noch eine Konkretisierung erfordern.
Hinweis/Beispiel	Hinweis oder Beispiel zu einer Regel
Verweis auf Grafik	Aufruf einer Beispielgrafik zur Veranschaulichung
Verweis auf interaktives Beispiel	Aufruf eines interaktiven Beispiels
Hyperlink	Verweis auf weitere Informationsknoten

Tab. 5.2: Informationstypen für die lokale Struktur in rechnergestützten Gestaltungsvorgaben

Daraus läßt sich eine lokale Struktur für einen Informationsknoten ableiten. Abb. 5.3 zeigt ein Beispiel einer lokalen Struktur eines Informationsknotens. Die lokale Struktur bezieht sich auf die Themenschwerpunkte Dialogelemente, Interaktionstechniken und Informationsgestaltung. Die hier gewählte Darstellung lehnt sich an die SGML-Notation (Standard Generalized Markup Language) an. Es handelt sich um eine abstrakte Sprache zur Beschreibung von Dokumenten, ihres Inhalts und Aufbaus. Die Operatoren verdeutlichen, wie oft ein Informationstyp in einem Informationsknoten dargestellt werden kann.

In einem nächsten Schritt werden die Informationstypen IDS-spezifischen Formaten zugewiesen. Die charakteristische Formatierung der Informationstypen gewährleistet die eindeutige Zuordnung und Bewertung der Information (Beispiel: Der Informationstyp „Empfehlung“ wird im IDS-Format eine „Liste + grafische Kodierung mit *“).

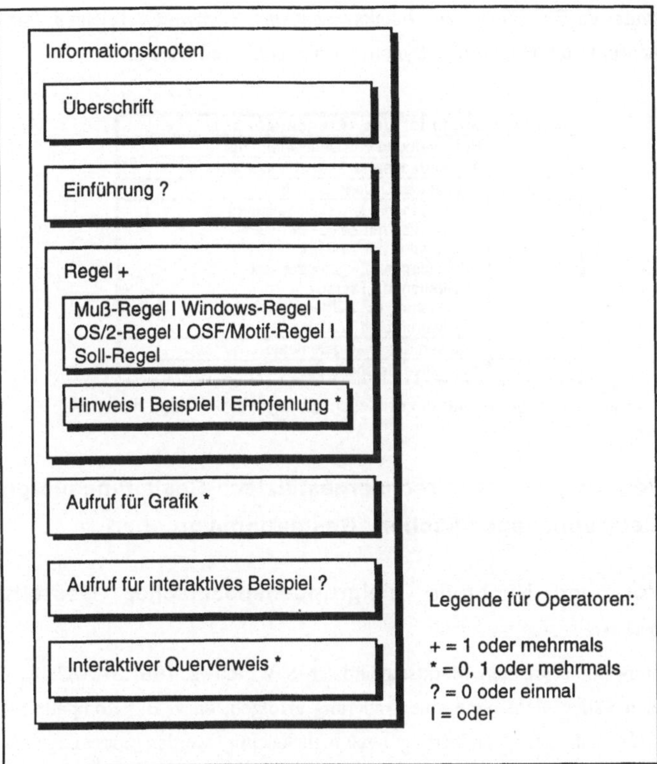

Abb. 5.3: Lokale Struktur eines Informationsknotens

5.2.5 Beschreibung eines Dialogelements

In den rechnergestützten Gestaltungsvorgaben werden die wichtigsten Dialogelemente für die Fenstersysteme MS Windows, OS/2 Presentation Manager und OSF/Motif beschrieben. Hierzu werden die bereits o. g. Informationstypen verwendet. Um die Definition eines Dialogelements vollständig und konsistent anzulegen, wurden anhand eines Fragenkatalogs (Tab. 5.3 und Anhang Kap. 12.2) die Regeln für das Dialogelement ermittelt.

5.2.6 Einstiegspunkte in die rechnergestützten Gestaltungsvorgaben

Ähnlich wie bei einem Nachschlagewerk sollen die Einstiegspunkte dem Benutzer helfen, schnell an die gewünschte Information zu gelangen. In rechnergestützten Gestaltungsvorgaben sind die wichtigsten Einstiegspunkte: Inhaltsverzeichnis, Stichwortverzeichnis, Entscheidungstabellen, Suchfunktion, Hyperlinks, Synonymverzeichnis und Glossar.

Inhaltsverzeichnis des Fragenkatalogs	
1	Beschreibung des Dialogelements
2	Anwendungszweck des Dialogelements
3	Layout des Dialogelements
4	Interaktion mit dem Dialogelement - Navigation mit Zeigeinstrument - Navigation mit Tastatur - Selektion mit Zeigeinstrument - Selektion mit Tastatur - Aktivierung mit Zeigeinstrument - Aktivierung mit Tastatur
5	Grafiken des Dialogelements
6	Interaktive Beispiele des Dialogelements

Tab. 5.3: Inhalt des Fragenkatalogs zur Beschreibung eines Dialogelements

5.3 Von allgemeinen rechnergestützten Gestaltungsvorgaben zu zielgruppenspezifischen Gestaltungsvorgaben

5.3.1 Vor- und Nachteile zielgruppenspezifischer Gestaltungsvorgaben

Die Umsetzung der bekannten Marktstandards (MS Windows, IBM SAA/CUA, OSF/Motif) kann in vielen Fällen nicht ohne eine Änderung erfolgen, da z. B. Kompatibilitätsgesichtspunkte und/oder technische Randbedingungen berücksichtigt werden müssen. Hier empfiehlt es sich, auf bereits bestehenden Marktstandards aufzubauen und zielgruppenspezifische Gestaltungsvorgaben (Firmen-Styleguide) zu entwickeln. In solche zielgruppenspezifische Gestaltungsvorgaben können über die in einem konventionellen Marktstandard beschriebenen Elemente und Funktionen hinaus weitere, aus software-ergonomischer Sicht sinnvolle Themen, wie z. B. die Vorgehensweise zur Dialoggestaltung, standardisierte Dialogabläufe, Dokumentation, Abkürzungslisten und Corporate Identity-Themen, aufgenommen werden.

Aus der Praxis ist bekannt, daß nicht nur den Entwicklern, sondern auch den Qualitätssicherern mit zielgruppenspezifischen Gestaltungsvorgaben eine geeignete Wissensbasis zur Software-Gestaltung und -Überprüfung gegeben werden kann. Zusammengefaßt werden können die Vorteile wie folgt:

- Erleichterung neuer Entwicklungen: Die zielgruppenspezifischen Gestaltungsvorgaben sind Know-How-Träger, auf dessen Grundlage sich neue Entwicklungen schneller realisieren lassen.

- Verständigung unter Entwicklern: Die zielgruppenspezifischen Gestaltungsvorgaben beschreiben eine gemeinsame Terminologie, auf deren Basis sich Entwickler einfacher verständigen können. Darüber hinaus sind sie eine gute Diskussionsgrundlage für die Planung und Ausführung künftiger Entwicklungsprojekte.
- Konsistenz zwischen verschiedenen Programmen: Die zielgruppenspezifischen Gestaltungsvorgaben ermöglichen eine einheitliche Gestaltung unterschiedlicher Anwendungen innerhalb einer Produktreihe.
- Unterstützung der Standardisierung: Mit zielgruppenspezifischen Gestaltungsvorgaben lassen sich z. B. Standard-Arbeitsobjekte, Standard-Dialogelemente, Standard-Menüs und standardisierte Dialogabläufe festlegen.
- Einhaltung von Standards: Besonders für die Qualitätssicherung sind zielgruppenspezifische Gestaltungsvorgaben ein wertvolles Instrument zur Überprüfung der Einhaltung der formulierten Regeln. Dies kann z. B. in Form von Checklisten erfolgen.
- Berücksichtigung software-ergonomischen Wissens: Durch zielgruppenspezifische Gestaltungsvorgaben kann das Wissen von Software-Ergonomie-Experten den Anwendungsentwicklern verfügbar gemacht werden.
- Einhaltung der Corporate Identity: Regeln zur Wahrung der Corporate Identity ermöglichen ein charakteristisches Erscheinungsbild der Software mit hohem Wiedererkennungseffekt.
- Erreichen von Wettbewerbsvorteilen: Die Einhaltung ergonomischer und herstellerspezifischer Gestaltungsregeln führt zu Anwendungen, die vom Benutzer besser zu verstehen und leichter zu bedienen sind und damit zu einem Wettbewerbsvorteil für das Unternehmen werden können.

Als Nachteile können angeführt werden:

- Gültigkeit der Gestaltungsvorgaben: Durch die Einführung neuer Standards oder neuer Regeln müssen die Gestaltungsvorgaben ständig aktualisiert werden. Das kann zur Unsicherheit bei den Entwicklern führen. Auch ist der Aufwand zur Überprüfung der Einhaltung der Regeln nicht zu unterschätzen.
- Verfügbarkeit der Gestaltungsvorgaben: Es hat sich in der Praxis gezeigt, daß Gestaltungsvorgaben nicht nur als Papierversion, sondern parallel auch als Online-Dokument verfügbar sein sollten. Es kommt sonst vor, daß Gestaltungsvorgaben für die Software-Entwicklung nicht benutzt wird.
- Beratung für Entscheidungsfragen: Auch hier hat die Praxis gezeigt, daß bei wenigen entscheidenden Fragen Gestaltungsvorgaben nicht die erwartete Auskunft geben konnten und Beratungskapazität benötigt wurde. Abhilfe könnte eine Beratungsgruppe im Unternehmen

schaffen, die zu Rate gezogen werden kann, wenn über die Gestaltungsvorgaben hinaus Entscheidungen getroffen werden müssen. Diese Beratungsgruppe könnte z. B. auch Qualitätssicherer beinhalten.

5.3.2 Anpassungsmöglichkeiten bei rechnergestützten Gestaltungsvorgaben

Nimmt man die hier beschriebenen rechnergestützten Gestaltungsvorgaben als unabhängige Grundlage für zielgruppenspezifische Gestaltungsvorgaben, so können eine Reihe von Regeln und Empfehlungen konkretisiert werden. Folgende Themenbereiche eignen sich für eine zielgruppenspezifische Anpassung:

- Arbeitsobjekte und Objektsichten,
- Fenstertypen,
- Standardmenüs,
- Dialogelemente,
- Interaktionstechniken,
- Informationsgestaltung,
- Referenzliste auf Bibliotheken mit Funktionsmustern,
- Anpassung der Standardbuchkomponenten und Einstiegspunkte.

Die Tab. 5.4 gibt eine Übersicht über die zielgruppenspezifischen Anpassungsmöglichkeiten mit der Angabe der betroffenen Bereiche (Informationsknoten) und der Vorgehensweise bzw. der benötigten Hilfsmittel.

5.3.2.1 Zielgruppenspezifische Arbeitsobjekte und Objektsichten

Arbeitsobjekte sind jene Objekte, mit denen der Benutzer des grafischen Systems arbeitet. Unterschieden werden kann zwischen Anwendungsobjekte, Datenobjekte, Containerobjekte, Geräte und Hilfsmittel. Dabei kann sich jedes Arbeitsobjekt dem Benutzer in unterschiedlichen Sichten präsentieren: Komplettsicht (z. B. Listeneintrag oder Icon), Detailsicht (z. B. Darstellung des Objekts im Hauptfenster) und Parametersicht (Einstellmöglichkeit eines Attributs).

Im Rahmen von zielgruppenspezifischen Gestaltungsvorgaben kann es erforderlich sein, spezifische Datenobjekte zu definieren und zu beschreiben. Das können z. B. bestimmte Dokumente (Formulare, Tabellen, Memos etc.), Datensätze (Kundendaten, Adreßdaten, Kontodaten etc.)

oder Grafiken (CAD-Daten, Bilder, Flußdiagramme etc.) sein. Abhängig von der jeweiligen Arbeitsaufgabe können dann verschiedene Darstellungen (Komplettsichten, Detailsichten und Parametersichten) der neu definierten Datenobjekte festgelegt werden.

Anpassungsmöglichkeiten	Betroffene Bereiche	Vorgehensweise und Hilfsmittel
Zielgruppenspezifische Konkretisierungen einzelner Regeln	Informationstyp „Empfehlungen"	Anpassung aller Empfehlungen
Zielgruppenspezifische Arbeitsobjekte und Objektsichten	Informationsknoten „Benutzungsoberfläche eines grafischen Systems"	Beschreiben neuer Objekte und Objektsichten aus der Analysephase
Zielgruppenspezifische Fenstertypen	Informationsknoten „Fenster"	Definition spezieller Haupt- und Sekundärfenster anhand der erforderlichen Objektsichten. Beschreibung spezieller Dialogfenster aufgrund von Anforderungen aus speziellen Anwendungsfunktionen
Standardmenüs	Informationsknoten „Menüs"	Festlegung zusätzlicher Standardmenüs für generische Funktionen und Standardfunktionalitäten
Zielgruppenspezifische Dialogelemente	Informationsknoten „Dialogelemente des Arbeitsbereichs"	Vollständige Beschreibung neuer Dialogelemente mit Hilfe des Fragenkatalogs zur Beschreibung von Dialogelementen
Zielgruppenspezifische Interaktionstechniken	Informationsknoten „Navigation, Selektion und Aktivierung, Interaktion mit ..."	Integration alternativer Interaktionstechniken
Zielgruppenspezifische Informationsgestaltung	Informationsknoten „Informationsgestaltung im Arbeitsbereich eines Fensters", „Systemmeldungen", „Einsatz von Farben"	Vorgabe konkreter Regeln zur Informationsgestaltung
Referenzliste auf Bibliotheken mit Funktionsmustern	Neuer Informationsknoten oder neues Handbuch	Installation und Beschreibung von Funktionsmustern in einer für den Entwickler verfügbaren Bibliothek
Anpassung der Standardbuchkomponenten und Einstiegspunkte	Informationsknoten „Titelseite", „Inhaltsverzeichnis", „Was bieten die rechnergestützten Gestaltungsvorgaben", „Arbeiten mit den rechnergestützten Gestaltungsvorgaben", „Dialogelemente im Überblick", „Register", „Glossar", „Synonyme Begriffe", „Literatur- und Quellenverzeichnis", „Produktinformation", „Copyrights"	Anpassung der Standardbuchkomponenten und Einstiegspunkte an die neuen Inhalte und Strukturen der zielgruppenspezifischen Gestaltungsvorgaben

Tab. 5.4: Übersicht über zielgruppenspezifische Anpassungsmöglichkeiten von rechnergestützten Gestaltungsvorgaben

5.3.2.2 Zielgruppenspezifische Fenstertypen

In zielgruppenspezifischen Gestaltungsvorgaben können auch spezielle Fenstertypen definiert werden. Beispiele hierzu sind:

- Spezielle Haupt- und Sekundärfenster für Detailsichten,
- Dialogfenster für spezielle und charakteristische Funktionen wie Suchdialoge zur Auffindung von Daten in Datenbanken oder Eingabe von Parametern.

5.3.2.3 Zielgruppenspezifische Standardmenüs

Je nach Anwendung kann es erforderlich sein, von den in den bekannten Marktstandards definierten Standardmenüs abzuweichen oder diese zu ergänzen. Standardmenüs sind eine Ansammlung von Funktionen und Optionen in einem Pull-Down- oder Pop-Up-Menü, die innerhalb mehrerer Anwendungen gleichermaßen eingesetzt werden können. Die Festlegung von Standardmenüs bietet sich an, wenn:

1) spezielle Funktionen oder Optionen zur Manipulation und Darstellung eines spezifischen Arbeitsobjekts in unterschiedlichen Anwendungen permanent erforderlich sind,
2) unterschiedliche Daten auf gleiche Weise strukturiert dargestellt werden können und spezielle Funktionen und Optionen eng mit dieser Darstellung verknüpft sind,
3) für die Navigation und Interaktion zwischen unterschiedlichen Anwendungen eines modular aufgebauten Programmsystems bestimmte Funktionen ständig wieder benötigt werden.

Beispiele hierzu sind:

- Zu Punkt 1): Ein Datenobjekt „CAD-Grafik" wurde definiert. Die CAD-Grafik soll in unterschiedlichen Anwendungen immer in der gleichen Art und Weise (Größe, mit oder ohne versteckte Linien, 2D/3D-Darstellung etc.) dargestellt werden. Damit kann für diese Darstellung ein Eintrag „Ansicht (der CAD-Grafik)" im Standardmenü definiert werden.
- Zu Punkt 2): Werden häufig unterschiedliche Daten in Tabellenform dargestellt, so kann ein Eintrag „Tabelle..." im Standardmenü definiert werden, der wichtige Funktionen für die Datenmanipulation in Tabellen (z. B. Markieren Spalte/Zeile, Löschen Spalte/Zeile, Vertausche Zelle etc.) enthält.
- Zu Punkt 3): Um zwischen unterschiedlichen Anwendungen schnell navigieren zu können, kann es sinnvoll sein, die aktivierten Anwendungen in ein Standardmenü „Anwendungen" aufzunehmen.

5.3.2.4 Zielgruppenspezifische Dialogelemente

Bei der Bearbeitung spezieller Arbeitsaufgaben kann es erforderlich sein, spezifische Dialogelemente zu bilden (z. B. spezielle Tabellen, Plantafeln, grafische Selektionsfenster, Paletten, etc.). Dazu werden häufig mehrere Basisdialogelemente zu einem Verbund von sich gegenseitig beeinflussenden Dialogelementen zusammengefaßt. Daraus entsteht dann ein neues komplexes Dialogelement, das als eine geschlossene Einheit betrachtet und in den zielgruppenspezifischen Gestaltungsvorgaben als eigenständiges komplexes Dialogelement definiert und beschrieben werden kann.

5.3.2.5 Zielgruppenspezifische Interaktionstechniken

Neben den etablierten Interaktionstechniken mit Hilfe des Zeigeinstruments (Maus, Trackball, etc.) oder der Tastatur kann es weitere alternative Interaktionstechniken geben, die in den Gestaltungsvorgaben definiert und beschrieben werden müssen. Besonders die Interaktionstechniken mittels spezieller Funktionstasten, Lichtgriffel, Pen, Sprache und Touchscreen sollten bei entsprechendem Einsatz in Anwendungen in die Gestaltungsvorgaben aufgenommen werden. Beispiele alternativer Interaktionstechniken sind:

- Ein CAD-Arbeitsplatz ist häufig mit einem Wertgeber für das Verschieben, Drehen und Zoomen des CAD-Modells ausgestattet.
- Informationssysteme, die der Öffentlichkeit zur Verfügung stehen (z. B. in Bahnhöfen, öffentlichen Ämtern etc.), verfügen häufig über Touchscreens anstatt Tastatur und Maus.
- Ein DTP-Arbeitsplatz kann mit einem Lichtgriffel ausgestattet sein, der die Auswahl der wichtigsten DTP-Funktionen auf einem Functionboard ermöglicht.
- Ein Terminal an einem Bankschalter hat neben der normalen Tastatur oftmals eine zusätzliche Tastatur mit Funktionstasten zur schnellen Bearbeitung der täglichen Bankgeschäfte.

5.3.2.6 Zielgruppenspezifische Informationsgestaltung

Aufgrund der vielen Faktoren, die die Informationsgestaltung bei der praktischen Umsetzung beeinflussen, können für die rechnergestützten Gestaltungsvorgaben in diesem Bereich zumeist nur allgemein abgefaßte Regeln vorgegeben werden. Ein Indiz dafür sind die Empfehlungen, die anstatt konkreter und bindender Regeln sinnvolle, aber nicht verpflichtende Vorschläge machen. An diesen Stellen gibt es Freiraum für zielgruppenspezifische Konkretisierungen.

Häufig werden mit der zielgruppenspezifischen Anpassung bei der Informationsgestaltung ästhetische Zielsetzungen sowie die Wahrung der Corporate Identity verfolgt. Für folgende Themen der Informationsgestaltung kann eine zielgruppenspezifische Anpassung erfolgen (Tab. 5.5).

Themenbereich	Zielgruppenspezifische Anpassung
Ausrichtung der Dialogelemente am Gitter	Vorgabe von konkreten Abständen zwischen Dialogelementen
Farbgestaltung	Vorgabe konkreter Farbzuordnungen zu Dialogelementen
Gestaltung von Icons / Piktogrammen	Vorgabe eines konkreten Satzes von Icons / Piktogrammen
Formulierungen / Abkürzungen	Vorgabe konkreter Begriffe für Arbeitsobjekte und Funktionen, Abkürzungsliste
Schriften	Vorgabe konkreter Schriften und Schriftgrößen

Tab. 5.5: Themen der Informationsgestaltung für eine zielgruppenspezifische Anpassung

5.3.2.7 Referenzliste auf Bibliotheken mit Funktionsmustern

Funktionsmuster, die bisher als Grundlage für Diskussionen und als Medium für die Visualisierung von Gestaltungsvorgaben entwickelt wurden, können in die zielgruppenspezifischen Gestaltungsvorgaben mit aufgenommen werden. Sind die Funktionsmuster bereits mit einem entsprechenden Software-Werkzeug implementiert worden, können diese den Entwicklern auch als Software-Bausteine zur Verfügung gestellt werden. In diesem Fall ist es sinnvoll, eine Referenzliste auf die Software-Bausteine in die Gestaltungsvorgaben aufzunehmen. Eine Referenzliste sollte die folgenden Angaben enthalten:

- Name/Pfad der Bibliothek,
- Bezeichnung des Software-Bausteins,
- Gegebenenfalls technische Kurzbeschreibung des Software-Bausteins,
- Bezeichnung des entsprechenden Dialogelements gemäß den Gestaltungsvorgaben,
- Verweis auf entsprechende Regeln in den Gestaltungsvorgaben.

5.3.2.8 Anpassung der Standardbuchkomponenten und Einstiegspunkte

Die Standardbuchkomponenten und die Einstiegspunkte der rechnergestützten Gestaltungsvorgaben sind bei den zielgruppenspezifischen Gestaltungsvorgaben anzupassen. Die erforderlichen Anpassungen werden in den folgenden Tabellen 5.6 und 5.7 zusammengefaßt.

Standardbuchkomponente	Anpassung
Titelseite	neu
Vorwort	neu
Einleitung	neu
Einleitung	ggf. ergänzen oder neu formulieren
Bedienungsanleitung	ggf. ergänzen
Literaturverzeichnis	ggf. ergänzen
Copyrights	neu
Produktinformation	neu

Tab. 5.6: Anpassung der Standardbuchkomponenten in zielgruppenspezifischen Gestaltungsvorgaben

Einstiegspunkt	Anpassung
Inhaltsverzeichnis	neu
Entscheidungstabellen	ergänzen
Register	ergänzen
Glossar	ggf. ergänzen
Synonyme Begriffe	ggf. ergänzen
Hyperlinks	ggf. ergänzen

Tab. 5.7: Anpassung der Einstiegspunkte in die zielgruppenspezifischen Gestaltungsvorgaben

5.4 Fallbeispiele

5.4.1 Zielgruppenspezifische Gestaltungsvorgaben für zwei Maschinenbau-Unternehmen

Im folgenden wird die Entwicklung von zielgruppenspezifischen Gestaltungsvorgaben für zwei Unternehmen aus dem Bereich des Maschinenbaus beschrieben. Anlaß für die Erstellung der Gestaltungsvorgaben war ein System zur Programmierung NC-gesteuerter Maschinen, das von beiden Firmen entwickelt wurde und als Bestandteil der Werkzeugmaschinen vertrieben wird. Das System stand bisher als alphanumerische Anwendung zur Verfügung und sollte in einem firmeninternen Entwicklungsprojekt auf die grafisch orientierte Benutzungsoberfläche MS Windows umgesetzt werden.

Für dieses Projekt wurde ein Firmenstyleguide mit Gestaltungsanweisungen für die Entwickler beider Firmen benötigt. Basis für die Entwicklung sollten die bereits beschriebenen rechnergestützten Gestaltungsvorgaben sein. In einer Arbeitsgruppe wurden die firmenspezifischen Anforderungen und Bedürfnisse erarbeitet und diskutiert. Teilnehmer der Arbeitsgruppe waren der Projektleiter, verschiedene Anwendungsentwickler aus Projektgruppen beider Firmen sowie Experten für den Themenbereich grafische Anwendungen und Gestaltungsvorgaben, die als externe Berater in diesem Projekt agierten.

Bezeichnend für die Entwicklung dieses Firmenstyleguides war die enge Kopplung der Gestaltungsvorgaben an das Entwicklungsprojekt. Anhand von Funktionsmustern, die im Arbeitskreis gezeigt und diskutiert wurden, konnten bestimmte firmenspezifische Dialogelemente, Interaktionstechniken, Fenstertypen und Standardmenüs identifiziert werden. Die Ergebnisse aus der Diskussion wurden schriftlich festgehalten. Diese schriftlichen Aufzeichnungen waren Grundlage für die firmenspezifische Anpassung der rechnergestützten Gestaltungsvorgaben. Die Funktionsmuster stellten die wichtigsten Dialogsequenzen der zukünftigen grafischen Version des Programmsystems dar.

Zusammenfassend können fünf Schwerpunkte für die Anpassung der Gestaltungsvorgaben genannt werden:

1) Unterschiedliche Interaktionstechniken

Das System sollte an einer Maschine und an einem PC-Arbeitsplatz gleichermaßen bedienbar sein. Die Bedienung am PC sollte wie gewohnt mit Maus und Tastatur erfolgen, während am Maschinenarbeitsplatz nur eine vom PC abweichende Tastatur und mehrere frei belegbare Funktionstasten unterhalb des Bildschirms vorhanden waren. Dieser Umstand mußte bei der

Gestaltung der Funktionsmuster berücksichtigt werden. Aus diesem Grund wurde eine spezielle Funktionsleiste entwickelt, die am unteren Bildschirmrand eingeblendet wird und die momentane Belegung der Funktionstasten anzeigt (Abb. 5.4). Dies ermöglicht die Bedienung des gesamten Programmsystems ausschließlich mit den Funktionstasten am Maschinenarbeitsplatz.

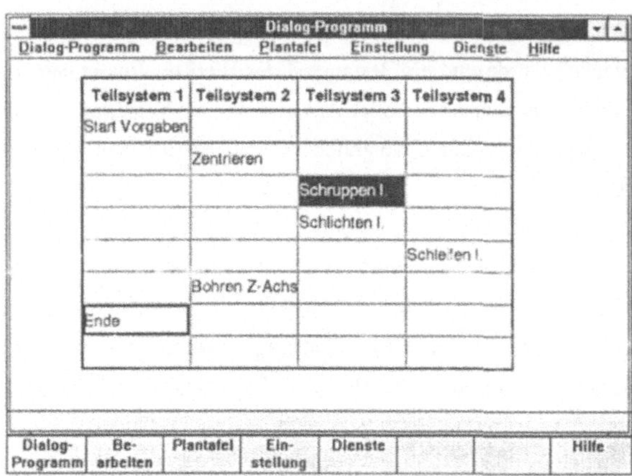

Abb. 5.4: Firmenspezifisch aufgebautes Hauptfenster mit Funktionsleiste und Plantafel

2) Erweiterte Dialogelemente

Entscheidend war die übersichtliche Darstellung und Bearbeitungsmöglichkeit von Datensätzen bzw. zeitlicher Zusammenhänge zwischen parallel ablaufenden und sich gegenseitig bedingenden Prozessen. In diesem Fall mußten verschiedene Aktionen (Initialisieren, Aufspannen, Spanen, Werkzeugwechsel etc.) an unterschiedlichen Spindeln und Aufspannvorrichtungen in einem Zeitraster dargestellt werden. Dazu wurde das Dialogelement „Tabelle“ sowie das zur Interaktion mit der Tabelle notwendige Standardmenü „Tabelle“ entwickelt (Abb. 5.5). Aus diesem Dialogelement wurde dann durch Variation das Dialogelement „Plantafel“ nebst Standardmenü „Plantafel“ abgeleitet (Abb. 5.4). In der Plantafel können die zeitlichen Zusammenhänge unterschiedlicher Prozesse mit Hilfe eines Zeitrasters visualisiert und bearbeitet werden.

3) Firmenspezifisches Einstiegsfenster

Ein dritter Schwerpunkt war die Entwicklung eines Einstiegfensters, das direkt nach dem Start des Programmsystems eingeblendet wird. Dort soll der Benutzer seine Anwendungen bzw. „Dienste“ und seine NC-Dateien wiederfinden. Dazu mußten in einem ersten Schritt die firmenspezifischen Daten- und Anwendungsobjekte definiert werden. Darüber hinaus wurde eine

Interaktion festgelegt, die es dem Anwender ermöglicht, direkt zwischen den Anwendungen zu wechseln. Durch das firmenspezifische Menü „Dienste“ ist diese Funktionalität gewährleistet (Abb. 5.6).

Gesperrte Zellen

Zelle mit falscher Eingabe

Werkzeug	Aufruf	Identifikation	Feedrate
Bohrer M10	203		2400
Bohrer M12	219		1800
Bohrer M16	388		870

Tastaturfokus und Markierung in Zelle

Wert wurde von Maschien berechnet

Abb. 5.5: Firmenspezifisches Tabellenobjekt zur Darstellung von Werkzeugdaten

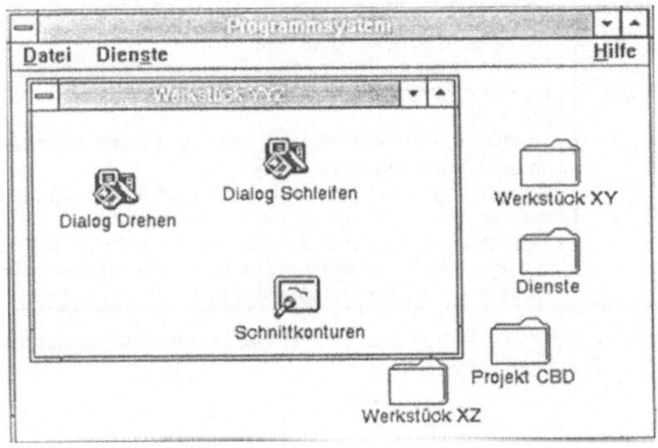

Abb. 5.6: Firmenspezifisches Einstiegsfenster mit firmenspezifischem Menü „Dienste“

4) Informationsgestaltung

Eine weitere Fragestellung war die Darstellung der unterschiedlichen Stati für Eingabefelder. Die Anzeige der firmenspezifischen Stati „errechneter Wert", „eingegebener Wert", „falscher Wert" und „Eingabefeld gegen Eingabe gesperrt" ausschließlich durch farbige Kennzeichnung des Hintergrunds und der Schrift wurde verworfen, da diese Vorgehensweise zu Fehlinterpretationen an Schwarz-Weiß-Bildschirmen und bei farbfehlsichtigen Benutzern führen könnte. Stattdessen werden die Stati durch Verwendung der Farben Weiß, Grau, Schwarz und der Inversdarstellung angezeigt.

5) Funktionsmuster

Firmenspezifische Funktionsmuster wurden in einem den Gestaltungsvorgaben zusätzlich beigefügten Dokument beschrieben und stehen dem Anwendungsentwickler als Dialogbausteine zur Verfügung.

Die Tab. 5.8 faßt die wichtigsten Merkmale und die Vorgehensweise nochmals zusammen.

Merkmal	Ausprägung
Zielgruppe	Anwendungsentwickler zweier Maschinenbau-Unternehmen
Motivation	Migration von alphanumerischer zu grafischer Benutzungsoberfläche
Zugehöriges Projekt	Generierung einer neuen Version eines Systems zur Programmierung von NC-gesteuerten Werkzeugmaschinen
Styleguide-Entwickler	Projektleiter, Anwendungsentwickler aus beiden Unternehmen, externe Software-Ergonomie-Experten
Vorgehensweise	- Firmenspezifische Funktionsmuster werden erarbeitet - Begleitende Spezifikation des Dialogs einer konkreten Anwendung - Die Diskussionsergebnisse werden schriftlich festgehalten und durch die Experten in den Firmen-Styleguide eingearbeitet.
Anpassung der rechnergestützten Gestaltungsvorgaben	- Entwicklung firmenspezifischer Anwendungs- und Datenobjekte - Definition des Einstiegfensters - Beschreibung der spezifischen Dialogelemente „Tabelle" und „Plantafel" - Definition der firmenspezifischen Standardmenüs „Dienste", „Tabelle" und „Plantafel" - Festlegung der Interaktion mit speziellen Funktionstasten, die ausschließlich an der Werkzeugmaschine vorliegen - Entwicklung einer Funktionsleiste zur Identifizierung der aktuellen Belegung der Funktionstasten an der Werkzeugmaschine - Beschreibung der Darstellung unterschiedlicher Stati für Eingabefelder - Einbindung der Funktionsmuster als interaktive Beispiele - Anpassung der Standardbuchkomponenten

Tab. 5.8: Zusammenfassung der Merkmale und Vorgehensweise bei der Entwicklung firmenspezifischer Gestaltungsvorgaben

5.4.2 Zielgruppenspezifische Gestaltungsvorgaben für den Dienstleistungsbereich

Im folgenden wird die Entwicklung spezifischer Gestaltungsvorgaben für ein Konsortium aus mehreren Rechenzentren beschrieben, die gemeinsam Software für die Krankenhaus- und Kirchengemeinde-Verwaltung entwickeln und vertreiben. Auch hier kam der Anstoß durch den steigenden Einsatz grafischer Benutzungsoberflächen anstatt alphanumerischer Oberflächen. Die meisten Unternehmen des Konsortiums hatten wenig Erfahrung mit der Gestaltung grafischer Benutzungsschnittstellen. Firmenspezifische Gestaltungsvorgaben sollten deshalb als Basisinformation erstellt werden. Diese Gestaltungsvorgaben sollen dann in Zukunft auch die Grundlage bilden, wenn die Entwicklungsabteilungen der unterschiedlichen Unternehmen zusammen Software entwickeln.

Ausgangspunkt bei dem Projekt „Firmenstyleguide" war ein zweitägiges Seminar, das einzelne Anwendungsentwickler in die Begriffswelt der grafischen Benutzungsschnittstellen und in die Marktstandards einführte. Anschließend wurde in einer Arbeitsgruppe, die aus mehreren Anwendungsentwicklern und einem externen Experten für Software-Ergonomie und grafische Benutzungsschnittstellen bestand, die vorliegenden rechnergestützten Gestaltungsvorgaben schrittweise durchgesprochen.

Da für diesen Firmenstyleguide kein begleitendes Software-Entwicklungsprojekt vorgesehen war, lag der hauptsächliche Interessensbereich nicht bei der Definition firmenspezifischer Fenster-, Interaktions- und Objekttypen, sondern im Bereich der Informationsgestaltung. Vor allem allgemein abgefaßte Regeln z. B. zur Farbzuordnung zu Dialogelementen (Beispiel siehe Tab. 5.9) und zur Ausrichtung von Dialogelementen wurden konkretisiert, um eine konsistente Anwendungsentwicklung zu fördern. Die Festlegung firmenspezifischer Dialogelemente, Objekte, Menüs, Interaktionstechniken und Fenstertypen sollte erst nach der Entwicklung eines Pilot-Softwareprojekts erfolgen, wenn ausreichende Erfahrungen in diesem Bereich gesammelt werden konnten.

Weiterhin wurden neue Regeln zur Formulierung von Informationstexten, Menüeinträgen und Meldungen sowie zur Gestaltung von Icons gefordert. Da zu diesen Themengebieten bisher keine Informationsknoten in den rechnergestützten Gestaltungsvorgaben vorlagen, mußten neue Informationsknoten aufgebaut werden. Die Konzentrierung der Themen zur Informationsgestaltung in ein Hauptkapitel (bisher Unterthema in den entsprechenden Kapiteln) hatte außerdem einige Änderungen der Gesamtgliederung zur Folge (Tab. 5.10). Für den Themenbereich „Icons und Piktogramme" wurde außerdem ein Standard-Icon-Set mit 25 Icons definiert, das die wichtigsten Funktionen in diesem speziellen Dienstleistungsbereich abdecken soll.

Da MS Windows und OS/2 Presentation Manager als ausschließliche Zielplattformen festgelegt wurden, konnten die Regeln für die OSF/Motif-Benutzungsoberfläche entfernt werden. In das Synonymverzeichnis wurden zudem die Bezeichnungen der Dialogelemente aus der Terminologie der zur Zeit eingesetzten Entwicklungswerkzeuge ND und MSA eingefügt (ND = „Natural Windows ND" und MSA = „Microsoft Access"). Die Tab. 5.11 faßt nochmals das Vorgehen zusammen.

Regel: Prinzipiell wird die Farbe eines Dialogelements voreingestellt.
* Empfehlung:

Dialogelement	Farbe
Fensterhintergrund Hauptfenster	 Systemeinstellung oder Hellgrau
Sekundärfenster	Systemeinstellung oder Hellgrau
Dialogfenster	Hellgrau
Meldungsfenster	Hellgrau
Schrift	Schwarz
Rahmen für Gruppierungen	 Dunkelgrau oder 3D-Effekt
Eingabefelder	Schwarz, Dunkelgrau oder 3D-Effekt
Ausgabefelder	Schwarz, Dunkelgrau oder 3D-Effekt
Auswahllisten	Schwarz, Dunkelgrau oder 3D-Effekt
Hintergrund Eingabefeld	 Weiß
Ausgabefeld	= Hintergrundfarbe des Fensters
Auswahlliste	Weiß
Informationszeile	Hellgrau
Aktionstaste	Hellgrau
Gesperrte Dialogelemente	Schwarz wird durch Dunkelgrau ersetzt. Farben werden durch Hellgrau ersetzt.

Tab. 5.9: Firmenspezifische Zuordnung von Farbe zu Dialogelement

10 Informationsgestaltung	
10.1	Standardschriftart und -größe
10.2	Darstellung alphanumerischer Daten
10.3	Anordnung von Dialogelementen
10.4	Strukturierungshilfen
10.4.1	Überschriften
10.4.2	Bereichsgrenzen und Gruppierungen
10.5	Formulierungen
10.5.1	Allgemeine Regeln zu Formulierungen
10.5.2	Regeln zur Formulierung von Meldungen
10.6	Systemmeldungen
10.6.1	Hinweismeldungen im Fenster
10.6.2	Hinweise in der Informationszeile
10.6.3	Warnungen
10.6.4	Kritische Aktionsmeldungen
10.6.5	Nicht kritische Aktionsmeldungen
10.7	Einsatz von Farben
10.7.1	Grundsätzliche Regeln zum Einsatz von Farbe
10.7.2	Farbzuordnung
10.8	Gestaltungsregeln für Icons und Piktogramme

Tab. 5.10: Auszug aus dem Inhaltsverzeichnis des Firmenstyleguides mit dem neuen Hauptkapitel „Informationsgestaltung"

Merkmal	Ausprägung
Zielgruppe	Anwendungsentwickler, Qualitätssicherer, Kunden aus dem Konsortium verschiedener Dienstleistungsrechenzentren
Motivation	Migration von alphanumerischen zu grafisch orientierten Benutzungsoberflächen, Vereinheitlichung der gemeinsam vertriebenen Software
Zugehöriges Projekt	keines
Styleguide-Entwickler	Anwendungsentwickler aus unterschiedlichen Unternehmen, sowie externe Experten für Software-Ergonomie und grafische Benutzungsschnittstellengestaltung
Vorgehensweise	- Einführendes Seminar mit den Themenschwerpunkten „Gestaltungsvorgaben" und „grafische Benutzungsschnittstellengestaltung" - Schrittweises Durcharbeiten der rechnergestützten Gestaltungsvorgaben - Gemeinsame Diskussion mit Hilfe von Skizzen, Grafiken und Beispielanwendungen - Diskussionsergebnisse werden schriftlich festgehalten und durch die Software-Ergonomie-Experten in die vorhandenen Gestaltungsvorgaben eingebunden.
Anpassung der rechnergestützten Gestaltungsvorgaben	- Entwicklung neuer Informationsknoten mit den Themenschwerpunkten „Gestaltung von Icons und Piktogrammen" und „Formulierungen von Meldungen" - Definition eines firmenspezifischen Icon-Sets - Konkretisierungen der Empfehlungen zur Ausrichtung von Dialogelementen und zum Einsatz von Farbe - Eliminierung der Regeln für OSF/Motif - Änderung der Gliederung der Gestaltungsvorgaben - Anpassung des Informationsknotens „Synonyme Begriffe" an die verwendeten grafischen Entwicklungswerkzeuge - Anpassung der Standardbuchkomponenten.

Tab. 5.11: Merkmale und Vorgehensweise bei der Entwicklung von firmenspezifischen Gestaltungsvorgaben im Dienstleistungsbereich

5.4.3 Vergleich der beiden Fallbeispiele

In beiden Fällen war die geplante Umsetzung eines bestehenden Programmsystems von einer alphanumerischen auf eine grafisch orientierte Benutzungsoberfläche die Motivation für die Erstellung von zielgruppenspezifischen Gestaltungsvorgaben. Im ersten Fallbeispiel wurden die Gestaltungsvorgaben im Rahmen eines konkreten Entwicklungsprojekts ausgearbeitet. Sie sollen für die Anwendungsentwickler konkrete Hinweise in Form von firmenspezifischen Dialogelementen, Fenstertypen, Standardmenüs und Interaktionstechniken enthalten. Im Bereich der Informationsgestaltung konnte nur ein geringer Änderungsbedarf ermittelt werden. Bei den firmenspezifischen Konkretisierungen erfolgte die Orientierung vor allem an den Bedürfnissen des Entwicklungsprojekts.

Im Gegensatz dazu war im zweiten Beispiel kein begleitendes Software-Entwicklungsprojekt vorgesehen. In diesem Fall sollen die Gestaltungsvorgaben als gemeinsame Plattform für ein Konsortium dienen und den Anwendungsentwicklern aus den unterschiedlichen Unternehmen die Gestaltung konsistenter Benutzungsoberflächen ermöglichen. Hierbei lag der Schwerpunkt der Konkretisierungen der rechnergestützten Gestaltungsvorgaben bei der Informationsgestaltung (Gestaltung von Icons und Piktogrammen, Formulierung von Meldungen, Farbgestaltung, Ausrichtung von Dialogelementen etc.). Die Diskussionen bei der Erarbeitung des Inhalts im zweiten Fallbeispiel zeigten, daß die Definition firmenspezifischer Dialogelemente und Fenstertypen zu diesem Zeitpunkt noch nicht möglich war, da die Bedürfnisse zukünftiger Softwareprojekte nicht abgeschätzt werden konnten.

Es wurde deshalb für die Weiterentwicklung des Firmenstyleguides folgende Vorgehensweise vorgeschlagen:

1) Entwicklung einer ersten Fassung der rechnergestützten Gestaltungsvorgaben mit grundlegenden Regeln für die Informationsgestaltung und Corporate Identity.
2) Planung eines Pilot-Softwareprojekts auf der Grundlage dieser Gestaltungsvorgaben und Weiterentwicklung des Firmenstyleguides durch Integration anwendungsspezifischer Informationen, die aus diesem Projekt gewonnen werden (z, B. Festlegung firmenspezifischer Dialogelemente und Fenstertypen etc.).

Im Vergleich zum ersten Fallbeispiel wurde im zweiten Fallbeispiel ein zweistufiger Prozeß gewählt, wobei das Pilotprojekt für die Softwareentwicklung als Ideenträger dienen soll (Abb. 5.7).

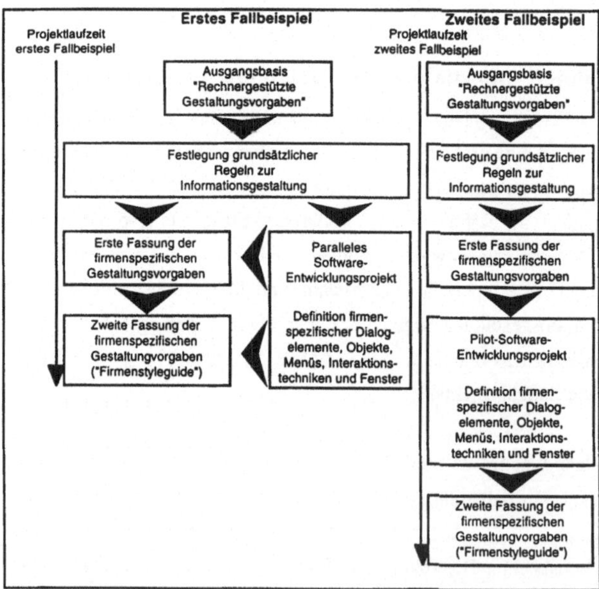

Abb. 5.7: Vergleich der beiden Fallbeispiele zur Entwicklung firmenspezifischer Gestaltungsvorgaben

5.5 Ausblick auf die zukünftige Entwicklung von rechnergestützten Gestaltungsvorgaben

Marktstandards, herstellerunabhängige Richtlinien und die nationalen sowie internationalen Normen zu software-ergonomischen Fragestellungen sind ständigen Änderungen unterworfen. Angetrieben wird diese Evolution hauptsächlich durch

- technische Weiterentwicklungen wie
  - zunehmende Vernetzung,
  - Multimedia,
  - neue Interaktionstechniken (z. B. Sprache, Gesten, Handschrift),
  - 3-dimensionale Visualisierungstechniken (Virtual Reality),
- gesellschaftliche Veränderungen wie
  - neue gesetzliche Bestimmungen zur Ergonomie am Arbeitsplatz,
  - Computer als Arbeitsgerät für Jedermann,
  - neue Arbeitsformen und -strukturen (Heimarbeit, Telearbeit, Videokonferenzen, virtuelle Unternehmensstrukturen),
- die Entwicklung am Software-Markt wie
  - neue Standards durch Markterfolge neuer Softwaregenerationen und Software-Produkte,
  - neue Werkzeuge zur Erstellung grafischer Benutzungsschnittstellen,
  - neue Hardware-Produkte.

Die Entwickler von rechnergestützten Gestaltungsvorgaben sind somit einem ständigen Änderungsdruck von außen ausgesetzt. Einige Aktivitäten für die Weiterentwicklung der Gestaltungsvorgaben zielen demnach auch auf neue Formen der Informationsaufbereitung und -darbietung sowie auf relevante Informationserweiterungen. Andere Aktivitäten versuchen die Umsetzbarkeit der Regeln aus den Gestaltungsvorgaben zu vereinfachen. Folgende mittel- bis langfristigen Trends sind bei der Entwicklung rechnergestützter Gestaltungsvorgaben zu beobachten:

- Inhaltlich:
  - Beschreibung neuer komplexer Dialogelemente,
  - Integration neuer Interaktionsformen wie Sprache und Handschrift,
  - Einbindung von Multimedia-Themen,
  - Berücksichtigung der Entwicklungen im Bereich Virtual Reality.
- Strukturell:
  - Datenbankmäßige Erfassung und Pflege von Normen und Regeln,
  - Gestaltungsvorgaben als SGML-Dokument,

- Anbindung der Gestaltungsvorgaben als Dialoggestaltungshilfesystem an Software-Werkzeuge,
- Aufbau von Bibliotheken mit Standard-Dialogbausteinen.

Die Anbindung der Gestaltungsvorgaben an Software-Werkzeuge sowie der Aufbau von Dialogbaustein-Bibliotheken sind Meilensteine auf dem Weg zu einem umfassenden Entwickler-Informationssystem, das neben dem eigentlichen Software-Werkzeug auch Software-Engineering-Methoden, Styleguides, Normen und Qualitätssicherungskomponenten in ein Expertensystem vereint (Abb. 5.8).

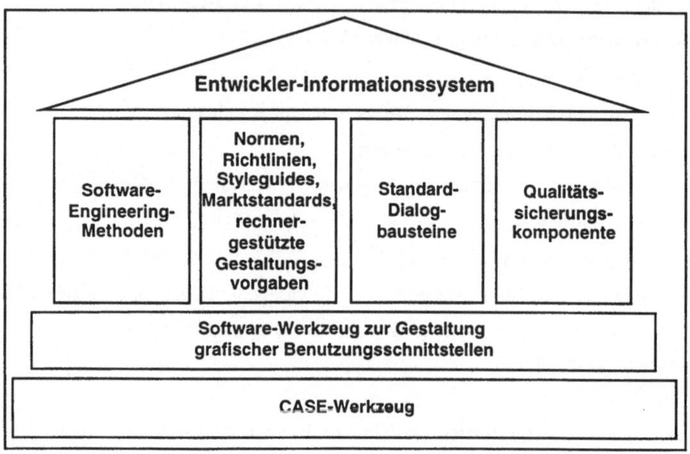

Abb. 5.8: Normen und Gestaltungsvorgaben als Bausteine in einem Entwickler-Informationssystem

6 Standard-Dialogbausteine

6.1 Einsatz und Zweck von Standard-Dialogbausteinen

Standard-Dialogbausteine sind inkrementelle Teile einer Benutzungsschnittstelle, die vorgefertigt und wiederverwendbar in einer Datenbank abgelegt werden können. Sie lassen sich an die Anforderungen einer Anwendung anpassen und zu einer Benutzungsschnittstelle zusammenfassen.

Bei der konventionellen Entwicklung einer Benutzungsschnittstelle werden Dialoge aus den Interaktionsobjekten (widgets) des zugrundeliegenden Fenstersystems aufgebaut. Wird beispielsweise ein geeignetes Interaktionsobjekt ausgewählt, müssen dazu seine Eigenschaften (z. B. die Position) festgelegt werden. Bei der Anwendungsentwicklung mit Dialogbausteinen wählt der Entwickler einen geeigneten Baustein aus und paßt ihn an die Gegebenheiten der Anwendung an. Dialogbausteine sind größere Einheiten (z. B. Fenster mit mehreren Interaktionsobjekten) als die von den jeweiligen Fenstersystemen vorgegebenen Interaktionsobjekte. Sie sind entsprechend der Normung und den software-ergonomischen Erkenntnissen gestaltet.

Der Ansatz, anstatt der Interaktionsobjekte ganze Dialogbausteine zu verwenden, ist vergleichbar mit der Wiederverwendung von Programm-Code. Heutzutage werden zu beinahe jedem Compiler umfangreiche Bibliotheken mit Programm-Code für vielfältige Anwendungsgebiete mitgeliefert. Ebenso könnten zu einem UIMS (User Interface Management System) Bibliotheken mit Dialogbausteinen z. B. für Informationssysteme, Multimedia-Anwendungen etc. angeboten werden.

Der Hauptvorteil des Einsatzes von Dialogbausteinen liegt in der Zeiteinsparung durch Wiederverwendung. Anstatt jedes Dialogfenster mühsam aus einzelnen Interaktionsobjekten zusammenzusetzen, kann der Entwickler vorgefertigte Bausteine verwenden und diese entsprechend anpassen.

Ein weiterer Vorteil der Verwendung von Dialogbausteinen liegt in der Unterstützung des Anwendungsentwicklers bei der software-ergonomischen Gestaltung von Benutzungsschnittstellen. Der Entwickler kann Bausteine auswählen, die den Vorgaben von Normen, Standards und Richtlinien entsprechen, und wird dadurch bei der Anwendung dieser Regeln entlastet. Gleichzeitig wird die Qualität einer Anwendung verbessert, indem Bausteine verwendet werden, die sich bereits bewährt haben. Eine Standardisierung von Dialogbausteinen erleichtert außerdem die Erstellung von einheitlichen und konsistenten Benutzungsschnittstellen.

6.2 Einschränkungen für diese Arbeit

Im Rahmen dieser Arbeit werden Dialogbausteine für Informationssysteme mit einer grafischen Benutzungsoberfläche identifiziert, klassifiziert, beschrieben, implementiert und mit Hilfe einer Bibliothek für die Anwendungsentwickler zur Wiederverwendung verfügbar gemacht. Die dabei zugrundegelegten ergonomischen Gestaltungsregeln stammen sowohl aus den firmenspezifischen Richtlinienkatalogen (Marktstandards, Styleguides) von IBM (IBM, 1989a; 1989b; 1991a; 1991b; 1992a; 1992b; 1997), Microsoft (Microsoft, 1992; 1995a; 1995b), OSF/Motif (OSF/Motif, 1990; 1993; 1994), Siemens Nixdorf Informationssysteme (SNI, 1990; 1993) und SUN (SUN, 1990) als auch aus den Normungsregelwerken (ISO 9241, 1993; DIN 66234, Teil 8, 1988; VDI-Richtlinie 5005, 1991; EG-Richtlinie, 1990) und abgesicherter software-ergonomischer Erkenntnisse aus der einschlägigen Literatur (siehe Kap. 3).

Die verschiedenen Benutzungsschnittstellen kommen aus dem Bereich kommerzieller Informationssysteme für Produktions- und Dienstleistungsunternehmen und werden hier auf die folgenden Systeme eingeschränkt:

- eine Vertriebskomponente eines Produktionsplanungs- und -steuerungssystems (PPS-System),
- eine Versicherungsanwendung,
- eine Verwaltungsanwendung,
- eine Einstiegskomponente zum Aufruf verschiedener Anwendungen.

6.3 Aufbau der Dialoge in Informationssystemen

Einer Großzahl von Informationssystemen liegt ein Entity-Relationship-Modell (Chen, 1976) als Datenmodell oder ein Objektmodell (Coad & Yourdon, 1991; Rumbaugh et al. 1991) zugrunde. Die Objekte der realen Welt werden dabei auf Entitäten und ihre Eigenschaften auf Attribute abgebildet. Beziehungen zwischen Objekten werden als Relationen modelliert. Die Aufgabe von Informationssystemen ist es, dem Benutzer die Objekte und ihre Eigenschaften zu präsentieren und die Bearbeitung der Daten zu ermöglichen.

Zur Identifizierung von wiederkehrenden Dialogabläufen soll auf die Beschreibung von Greutmann (Greutmann, 1993) zurückgegriffen werden. Er hat in einer Vorgehensweise sechs Regeln aufgestellt, nach denen für ein gegebenes Entity-Relationship-Modell aufgaben- und benutzergerechte Dialoge identifiziert und erstellt werden können. Diese sechs Regeln lauten:

1) Für jede Entität des Datenmodells wird ein Informationsbildschirm angelegt. Eventuell können bei einer Entität ihre abhängigen Entitäten integriert werden.

2) Von jedem Informationsbildschirm aus müssen die Bildschirme aller Entitäten angewählt werden können, die mit der jeweiligen Entität in Beziehung stehen.
3) Jeder Informationsbildschirm stellt mindestens die Attribute der jeweiligen Entität dar.
4) Entlang der Beziehung im Datenmodell können auch Attribute benachbarter Entitäten dargestellt werden. Diese Regel kann wiederholt angewendet werden.
5) Die Art der Informationsdarstellung muß aufgaben- und benutzergerecht sein.
6) Einstiegsbildschirme stellen Entitäten dar, die an der Spitze von Hierarchien stehen, d. h. von denen aus nur 1-zu-N-Beziehungen ausgehen. Außerdem kommen Entitäten in Frage, die einen eigenen, d. h. nicht vererbten Schlüssel haben.

In Anwendungen, die nach diesem Schema entworfen wurden, kann der Benutzer von den Entitäten der letzten Regel ausgehend alle Entitäten des Datenmodells erreichen. Er navigiert dabei entlang von 1-zu-1- oder 1-zu-N-Beziehungen. Die Informationsdarstellung für beide Fälle ist unterschiedlich. Bei 1-zu-1-Beziehungen können die Attribute der nächsten Entität direkt dargestellt werden, bei 1-zu-N-Beziehungen muß die gewünschte Ausprägung der Entität erst aus einer Menge ausgewählt werden.

Eine bestimmte Ausprägung einer Entität wird im folgenden als *Datenobjekt* bezeichnet. Datenobjekte können zum Beispiel der Kunde Meier oder der Auftrag mit der Nummer 12345 sein.

Mengen von Ausprägungen einer Entität werden im folgenden als *Mengenobjekt* bezeichnet. Mengenobjekte können zum Beispiel alle Aufträge des Kunden Meier oder alle Kunden in Stuttgart sein.

Mengenobjekte, die in einer Relation zu einer Entität stehen, werden im folgenden als *Beziehungsobjekte* dieser Entität bezeichnet. Beziehungsobjekte der Entität *Kunde* können zum Beispiel alle Aufträge beliebiger Kunden sein.

Die Auswahl der gewünschten Informationen und deren Bearbeitung kann damit in die drei Schritte *Einstieg*, *Auswahl* und *Bearbeitung* aufgeteilt werden.

Die Dialoge der untersuchten Anwendungen entsprechen dem Vorgehen von Greutmann (Greutmann, 1993) und lassen sich in die drei oben genannten Kategorien einordnen. Zusätzlich wird eine vierte Kategorie Meldung eingeführt, der alle Dialoge angehören, die über den Systemzustand Auskunft geben (Abb. 6.1).

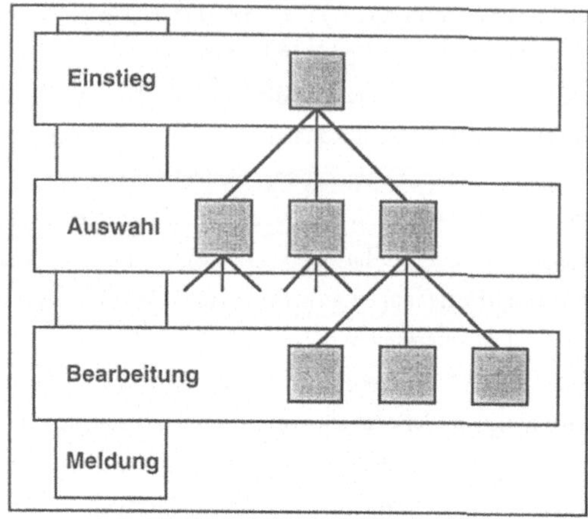

Abb. 6.1: Kategorien von Informationssystem-Dialogen

Es hat sich gezeigt, daß sich die Dialoge dieser Kategorien bei allen untersuchten Anwendungen stark gleichen. Sie können deshalb als Standard-Dialoge von Anwendungen aus dem Bereich Informationssysteme identifiziert werden. Die Gestalt dieser Dialoge wird in den nächsten Kapiteln detailliert beschrieben.

6.4 Identifizierung von Standard-Dialogen in Informationssystemen

6.4.1 Allgemeines zur Beschreibung der Dialoge

Bei der nachfolgenden Beschreibung der Dialoge wird sowohl auf die Gestalt als auch auf die zur Verfügung stehenden Funktionen eingegangen. Es sind verschiedene Sichten auf die Elemente in den Kategorien möglich. Die Funktionen der Menüleisten oder Pushbuttons, ihre Bedeutung und der nächste Dialog werden jeweils in einer Tabelle beschrieben. Begriffe in spitzen Klammern sind anwendungsspezifisch, d. h. der Begriff <*Anwendung*> könnte in einem konkreten Fall z. B. durch den Begriff *Lagerverwaltung* ersetzt werden. Endet der Begriff in Klammern auf -liste, dann sind eventuell mehrere Begriffe einzusetzen. Der Menüpunkt <*Fensterliste*> muß z. B. durch mehrere Menüpunkte für alle geöffneten Fenster ersetzt werden.

Es können nicht alle Dialoge in einer allgemeinen Art und Weise beschrieben werden. Zum Beispiel unterscheiden sich Druck-Dialoge verschiedener Anwendungen so stark, daß sehr viele

Varianten notwendig wären, um für die meisten Anwendungsfälle den passenden Dialog anbieten zu können. Die Anzahl der Varianten kann aber reduziert werden, indem die Eigenschaften eines Bausteins durch Parameter gesteuert werden. Für einen Druck-Dialog wird z. B. angegeben, ob die Möglichkeit besteht, Ausschnitte eines Dokuments zu drucken oder die Seiten in absteigender Reihenfolge auszugeben. Die Gestalt des Bausteins ändert sich dann je nach den gewählten Parametern. In diesem Zusammenhang wird auf die Möglichkeit der Parametrisierung hingewiesen, die jedoch nicht näher betrachtet werden soll.

Bis auf einige Ausnahmen führt jede Aktion der beschriebenen Dialoge zu einem anderen aufgeführten Dialog. Dadurch wird erreicht, daß nur in Ausnahmefällen, wie z. B. bei anwendungsspezifischen Funktionen, auf andere Dialoge als die hier beschriebenen zurückgegriffen werden muß. Die Gestalt und die Bedienung der Benutzungsschnittstelle sollen dadurch konsistent werden. Im folgenden werden die identifizierten Dialoge in einer Übersicht dargestellt und einzeln kurz beschrieben.

6.4.2 Übersicht der identifizierten Standard-Dialoge für Informationssysteme

In einer Untersuchung marktüblicher Informationssysteme wurden im Auftrag eines Hard- und Softwareherstellers häufig wiederkehrende Dialoge identifiziert, die sich für eine systematische Aufbereitung als Dialogbausteine in einer Dialogbausteinbibliothek eignen (Fraunhofer IAO, 1993). Abb. 6.2 zeigt eine Übersicht der identifizierten Dialoge und ihre Einordnung in die Kategorien *Einstieg, Auswahl, Bearbeitung* und *Meldung.*

6.4.3 Standard-Dialog: Einstieg

6.4.3.1 Anmelden

Bei Mehrbenutzersystemen kann es erforderlich sein, jedem Benutzer individuelle Rechte zuzuordnen. Der Anmelden-Dialog regelt hierfür als erstes Fenster in einer Anwendung den Zugang zum System. Häufig identifiziert sich der Benutzer mit seinem Namen und einem Paßwort. Damit wird die Zugangsberechtigung überprüft. Das Eingeben des Paßwortes wird aus Sicherheitsgründen nicht angezeigt oder durch Ersatzzeichen, wie z. B. Sterne, dargestellt. Tab. 6.1 zeigt die Pushbuttons eines Anmelden-Dialogs. Abb. 6.3 zeigt ein Beispiel für einen Anmelden-Dialog.

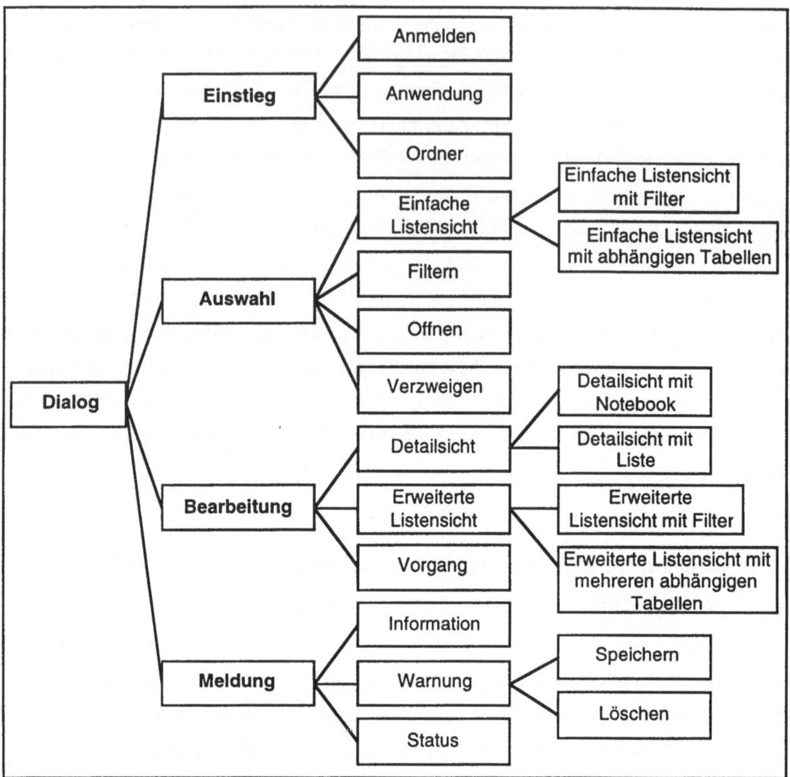

Abb. 6.2: Übersicht der identifizierten Standard-Dialoge

Pushbutton	Bedeutung	Nächster Dialog
Ok	Benutzer anmelden	Anwendung / Hauptfenster
Abbrechen	Benutzer nicht anmelden	-
Hilfe	Hilfesystem aufrufen	Hilfesystem

Tab. 6.1: Pushbuttons eines Anmelden-Dialogs

Anmelden
Name Schmidt
Passwort ********
Ok Abbrechen Hilfe

Abb. 6.3: Beispiel eines Anmelden-Dialogs

6.4.3.2 Anwendung (Hauptfenster)

Das Hauptfenster einer Anwendung erscheint nach dem Starten. Es dient zur ersten Präsentation von Objekten der Anwendung. Das können Daten- und Mengenobjekte sein, aber auch andere Anwendungen (z. B. Textverarbeitung) oder Ordner.

Zur leichteren Erkennung werden Objekte durch Ikonen und kurze Texte unter den Ikonen dargestellt. Die Objekte können durch einen Doppelklick mit der Maus oder mit dem Menüeintrag *Öffnen* geöffnet werden. Das Hauptfenster kann nicht mehrfach geöffnet werden und bleibt offen, bis die Anwendung beendet wird.

Menü	Eintrag	Bedeutung	Nächster Dialog
Daten	Neu	Erzeugt ein neues Objekt vom Typ des ausgewählten Objekts und öffnet die Detailsicht	Detailsicht
	Öffnen	Öffnet das ausgewählte Objekt	Detailsicht, Listensicht, Ordner oder Anwendung
	Filtern ...	Filterdialog für den ausgewählten Objekttyp	Filtern
	Drucken...	Druckt das ausgewählte Objekt	Drucken
	Löschen...	Löscht das ausgewählte Objekt	Löschen
	Beenden	Beendet die Anwendung	-
Konfiguration	Neuer Ordner	Erzeugt einen neuen Ordner	-
	Einstellungen...	Grundeinstellungen der Anwendung	Einstellungen
Fenster	Nebeneinander	Zeigt geöffnete Fenster nebeneinander an	-
	Überlappend	Zeigt geöffnete Fenster überlappend an	
	<Fensterliste>	Liste aller geöffneten Fenster	Ausgewähltes Fenster
Hilfe	Kontext	Kontextsensitive Hilfe zum aktiven Objekt	Hilfesystem
	Fenster	Kontextsensitive Hilfe zum Fenster	Hilfesystem
	Anwendung	Hilfe zur Anwendung	Hilfesystem
	Index	Hilfe-Index	Hilfesystem
	Suchen...	Suchen nach Stichwörtern	Hillfesystem
	Tastatur	Hilfe zur Tastatur	Hilfesystem
	Lernprogramm	Lernprogramm der Anwendung	Hilfesystem
	Hilfesystem	Hilfe zum Hilfesystem	Hilfesystem
	Information...	Informationen zur Anwendung	Hilfesystem

Tab. 6.2: Funktionen der Menüleiste des Hauptfensters (Die unterstrichenen Buchstaben kennzeichnen sog. Short-Cuts. Durch Drücken der Funktionstaste und des jeweiligen Buchstabens wird die entsprechende Funktion ausgelöst.)

Es kann jederzeit zum Hauptfenster umgeschaltet werden. Das Hauptfenster hat eine Menüleiste. Zusätzlich zur Menüleiste kann eine Funktionsleiste eingesetzt werden. Eine Funktionsleiste befindet sich meist direkt unterhalb der Menüleiste und besteht aus Ikonen, die jeweils eine Menüfunktion repräsentieren. Die Funktionen können durch Klicken mit der Maus auf die Ikonen ausgelöst werden. Die in den Funktionsleisten aufgelisteten Ikonen dienen als Abkürzung für häufig gebrauchte Menüfunktionen. Eine individuelle Konfiguration der Funktionsleiste wird in den meisten Anwendungen angeboten. Tab. 6.2 zeigt die Funktionen der Menüleiste des Hauptfensters. Die Abb. 6.4 zeigt ein Beispiel für ein Hauptfenster.

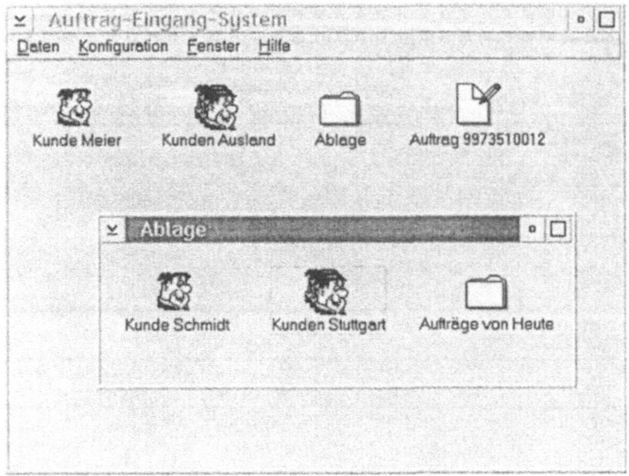

Abb. 6.4: Beispiel eines Hauptfensters

6.4.3.3 Ordner

Ordner dienen zur Ablage und Strukturierung von unterschiedlichen Objekten. Das können Datenobjekte, Mengenobjekte, Anwendungen oder andere Ordner sein. Da ein Ordner weitere Ordner enthalten kann, lassen sich dadurch die Objekte einer Anwendung hierarchisch gliedern. Ordner können beliebig oft geöffnet werden und erscheinen dann als eigenes Fenster. Unter dem Fenstersystem Microsoft Windows werden diese Fenster z. B. innerhalb des Hauptfensters angezeigt und als MDI-Windows (Multiple Document Interface Windows) bezeichnet. Ordner haben im Gegensatz zum Hauptfenster keine Menüleiste. Abb. 6.5 zeigt ein Beispiel eines Ordners.

Abb. 6.5: Beispiel für einen Ordner

6.4.4 Standard-Dialog: Auswahl

6.4.4.1 Einfache Listensicht

Zur Auswahl von bestimmten Datenobjekten aus einer Datenmenge dienen einfache Listensichten. Sie werden zur Navigation entlang einer 1-zu-N-Beziehung (z. B. Kunde - Aufträge) verwendet. Die wichtigsten Attribute aller Datenobjekte können in einer Tabelle angezeigt werden. Zur Auswahl werden entweder eine oder mehrere Zeilen der Tabelle selektiert. Im Gegensatz zur erweiterten Listensicht (siehe Kap. 6.4.5.2) können die Datensätze in einer einfachen Listensicht nicht bearbeitet werden. Einfache Listensichten dienen nur der Auswahl von Datenobjekten. Für deren Bearbeitung muß eine Detailsicht geöffnet werden. Die Funktionen in einfachen Listensichten werden durch Pushbuttons ausgewählt (siehe Tab. 6.3). Die Abb. 6.6 zeigt ein Beispiel für eine einfache Listensicht.

Pushbutton	Bedeutung	Nächster Dialog
Ok	Auswahl bestätigen	Detailsicht
Abbrechen	Auswahl abbrechen	-
Hilfe	Hilfe zum Dialog	Hilfesystem

Tab. 6.3: Pushbuttons einer einfachen Listensicht

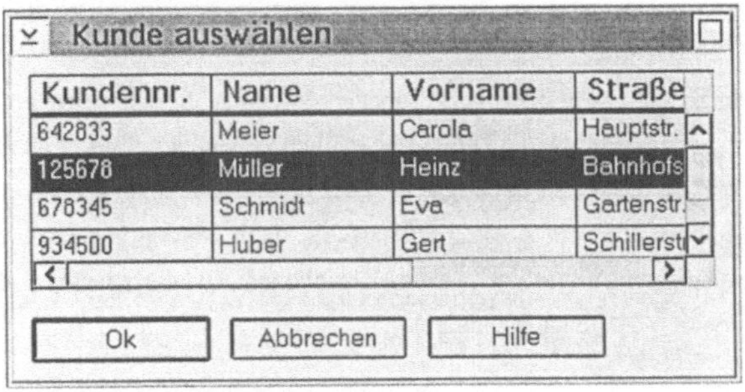

Abb. 6.6: Beispiel für eine einfache Listensicht

6.4.4.1.1 Einfache Listensicht mit Filter

Um bestimmte Datensätze auszuwählen, kann eine einfache Listensicht zusätzlich einige Eingabefelder enthalten, die wie ein Filter wirken. Wird ein Wert in eines der Eingabefelder eingetragen, dann wird entweder der erste Eintrag, dessen Attribut mit dem Eintrag übereinstimmt, markiert oder es werden alle Datensätze, deren Attribute nicht mit dem Eintrag beginnen, aus der Tabelle entfernt. Wenn z. B. bei einer Kundenliste im Eingabefeld *Name* ein *H* eingetragen wird, dann enthält die Tabelle anschließend nur noch Kunden, deren Name mit H beginnt oder der erste Kunde, dessen Name mit H beginnt, wird markiert. Dadurch wird die Suche nach einem bestimmten Datensatz in umfangreichen Listen vereinfacht. Abb. 6.7 zeigt ein Beispiel für eine einfache Listensicht mit Filter.

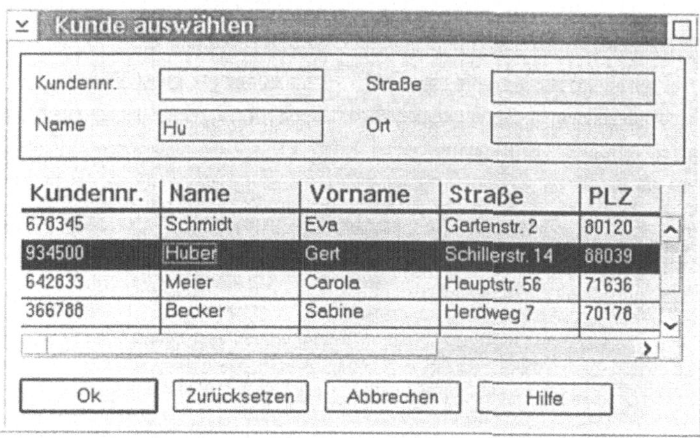

Abb. 6.7: Beispiel für eine einfache Listensicht mit Filter

6.4.4.1.2 Einfache Listensicht mit mehreren abhängigen Tabellen

Listensichten können auch zwei oder mehr Tabellen enthalten. In einer zweiten Tabelle werden dann alle Datenobjekte angezeigt, die zum ausgewählten Objekt der ersten Tabelle in Beziehung stehen. Die zweite Tabelle ist also abhängig von der ersten. Die erste Tabelle kann z. B. mehrere Aufträge enthalten. Wird ein Auftrag ausgewählt, dann werden in der zweiten Tabelle alle Positionen dieses Auftrages angezeigt (1-zu-N-Beziehung). Aus der zweiten Tabelle kann dann eine bestimmte Position ausgewählt werden.

Die abhängigen Tabellen können in Listensichten auch zur Darstellung von N-zu-M-Beziehungen verwendet werden. Wenn in der ersten Tabelle z. B. eine Liste von Mitarbeitern angezeigt wird, dann enthält die zweite Tabelle alle Projekte, an denen der ausgewählte Mitarbeiter beteiligt ist. Umgekehrt werden bei Auswahl eines Projekts alle zugehörigen Mitarbeiter in der ersten Tabelle angezeigt.

Durch die Verwendung abhängiger Tabellen wird ein Zwischenschritt über eine weitere Listensicht eingespart. Abb. 6.8 zeigt ein Beispiel für eine einfache Listensicht mit zwei abhängigen Tabellen.

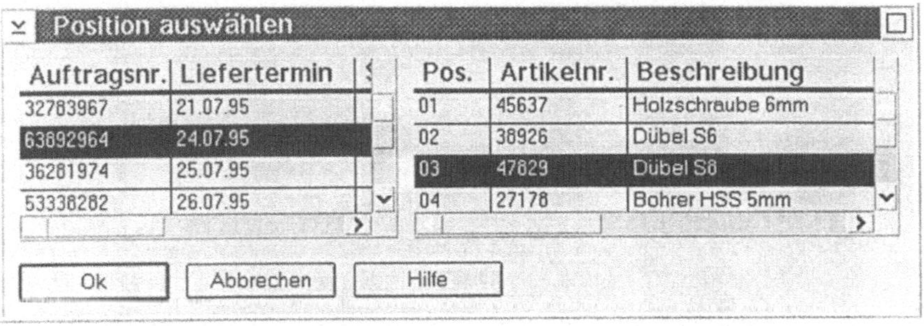

Abb. 6.8: Beispiel einer einfachen Listensicht mit zwei abhängigen Tabellen

6.4.4.2 Filtern

Mit Hilfe von Filtern-Dialogen können ein oder mehrere Datenobjekte in einer Objektmenge gesucht werden. Das Filtern ist notwendig, wenn die Anzahl der Datenobjekte so groß ist (etwa > 50), daß sie mit einer Liste nicht mehr übersichtlich dargestellt werden kann oder wenn Datenobjekte nach einem bestimmten Kriterium gesucht werden sollen. Durch das Filtern wird die Anzahl der Datenobjekte reduziert.

Ein Filtern-Dialog enthält analog zur Detailsicht Eingabefelder für alle wichtigen Attribute eines Datenobjekts. Zur Suche können sowohl beliebige Werte als auch *Wildcards* (Joker; „*" - entspricht beliebig vielen Zeichen - oder „?" - entspricht genau einem Zeichen -) eingegeben werden. Mit Wildcards kann eine allgemeine Suche formuliert werden. Datenfelder ohne Eingabe werden bei der Suche nicht berücksichtigt. Als Ergebnis wird eine Listensicht mit allen Datenobjekten angezeigt, die der Suchvorgabe entsprechen. Wenn es sich nur um ein einziges Objekt handelt, wird nur eine Detailsicht dieses Objekts geöffnet. Die eingegebenen Werte bleiben bis zum nächsten Aufruf des Filtern-Dialogs erhalten.

Pushbutton	Bedeutung	Nächster Dialog
Filtern	Filtern der Objektmenge	Listensicht oder Detailsicht
Zurücksetzen	Löscht alle Einträge aus den Eingabefeldern	-
Abbrechen	Filtern abbrechen	-
Hilfe	Hilfe zum Filtern-Dialog	Hilfesystem

Tab. 6.4: Pushbuttons eines Filtern-Dialogs

Filtern-Dialoge besitzen keine Menüleiste; die Fuktionen werden durch Pushbuttons ausgewählt. Tab. 6.4 zeigt die Pushbuttons eines Filtern-Dialogs. Abb. 6.9 zeigt ein Beispiel für einen Filtern-Dialog.

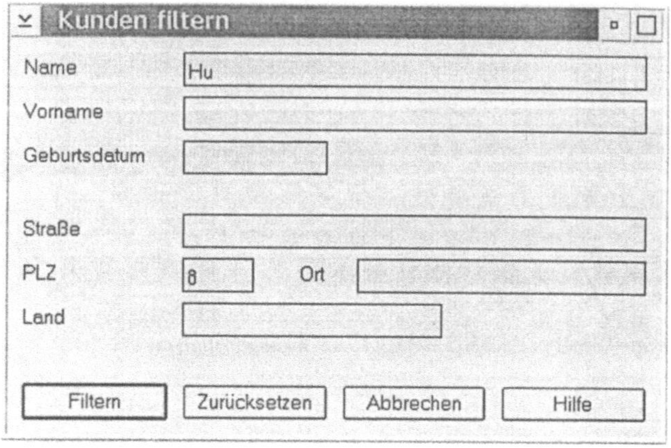

Abb. 6.9: Beispiel eines Filtern-Dialogs

6.4.4.3 Öffnen

Öffnen-Dialoge dienen zur Auswahl eines Datenobjekts, dessen Name bzw. Schlüssel bekannt ist. Zur Eingabe des Schlüssels wird ein Eingabefeld verwendet. Bei Datenobjekten mit zusammengesetztem Schlüssel (z. B. Teilenummer und Teileart) kann der Öffnen-Dialog weitere Interaktionsobjekte wie z. B. Radiobuttons enthalten.

Öffnen-Dialoge sind modal, d. h. solange das Öffnen-Fenster angezeigt wird, kann zu keinem anderen Fenster umgeschaltet werden. Die Funktionen eines Öffnen-Dialogs werden durch Pushbuttons ausgewählt (Tab. 6.5). Abb. 6.10 zeigt ein Beispiel für einen Öffnen-Dialog, Abb. 6.11 ein Beispiel eines Öffnen-Dialogs für ein Datenobjekt mit zusammengesetztem Schlüssel.

Pushbutton	Bedeutung	Nächster Dialog
Öffnen	Öffnen des Datenobjekts	Detailsicht
Abbrechen	Öffnen abbrechen	-
Hilfe	Hilfe zum Öffnen-Dialog	Hilfesystem

Tab. 6.5: Pushbuttons eines Öffnen-Dialogs

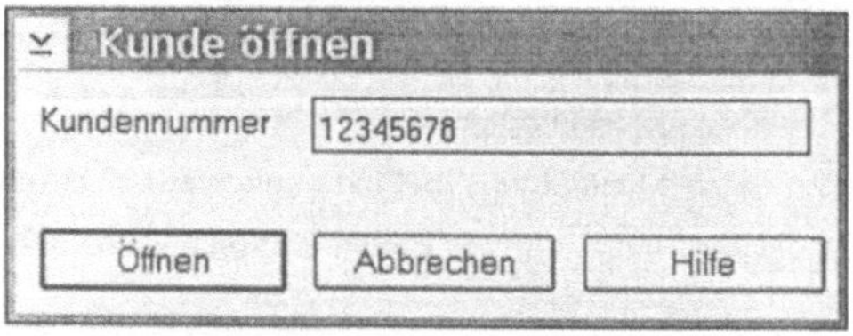

Abb. 6.10: Beispiel eines Öffnen-Dialogs

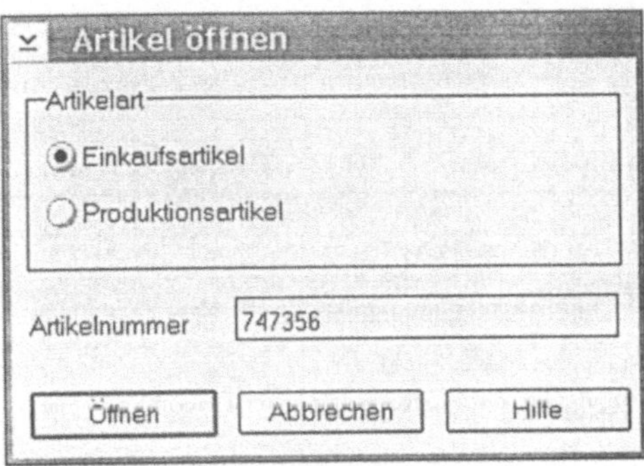

Abb. 6.11: Beispiel eines Öffnen-Dialogs für ein Datenobjekt mit zusammengesetztem Schlüssel

6.4.4.4 Verzweigen

Mit Hilfe von Verzweigen-Dialogen ist der Benutzer in der Lage, von einem Daten- oder Mengenobjekt zu Beziehungsobjekten zu wechseln. So kann z. B. von Kunden zu Angeboten oder Aufträgen verzweigt werden. Wechsel sind zwischen den Entitäten des Datenmodells möglich, die durch eine Relation verbunden sind. Beim Verzweigen werden alle Datenobjekte einer Entität angezeigt, die im Datenmodell in einer Beziehung zur aktuellen Entität stehen (z. B. Kunden - Aufträge). Im Gegensatz dazu werden bei Listensichten alle Datenobjekte angezeigt, die in einer Beziehung zu einem bestimmten Datenobjekt stehen (z. B. Kunde *Meier* - Aufträge des Kunden *Meier*).

Die Beziehungsobjekte werden in einer Tabelle dargestellt. Es ist auch möglich, ein neues Beziehungsobjekt zu erstellen, ein bestehendes zu öffnen oder bestimmte Objekte herauszufiltern. Die gewünschte Funktion wird mit Pushbuttons ausgewählt (Tab. 6.6). Abb. 6.12 zeigt ein Beispiel für einen Verzweigen-Dialog.

Pushbutton	Bedeutung	Nächster Dialog
Neu	Erzeugt ein neues Datenobjekt und öffnet die Detailsicht	Detailsicht
Öffnen	Öffnet die Detailsicht des ausgewählten Datenobjekts	Detailsicht
Filtern ...	Filtern-Dialog für diesen Objekttyp	Filtern
Abbrechen	Verzweigen abbrechen	-
Hilfe	Hilfe zum Verzweigen-Dialog	Hilfesystem

Tab. 6.6: Pushbuttons des Verzweigen-Dialogs

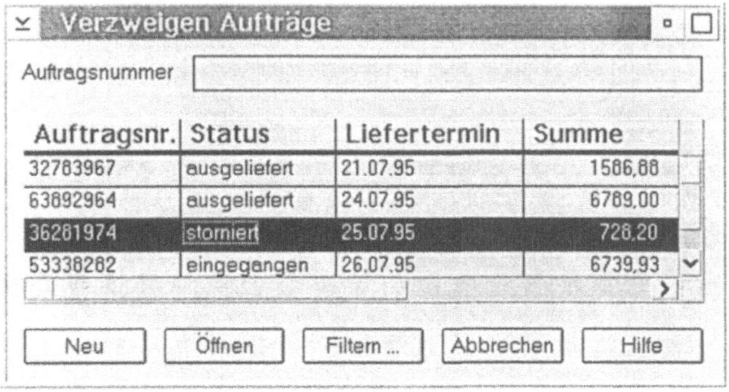

Abb. 6.12: Beispiel eines Verzweigen-Dialogs

6.4.5 Standard-Dialog: Bearbeitung

6.4.5.1 Detailsicht

Die Attribute eines einzelnen Datenobjekts können mit Hilfe einer Detailsicht betrachtet und bearbeitet werden. Dazu werden häufig *Eingabefelder* verwendet. Je nach Art der Daten können aber auch *Radiobuttons*, *Checkboxes* und weitere *Controls* verwendet werden. Die Interaktionsobjekte sollen zur schnelleren Identifizierung und Interpretation so angeordnet werden, daß zusammengehörende Attribute unter- oder nebeneinander gruppiert werden.

Menü	Eintrag	Bedeutung	Nächster Dialog
<Objekt>	Neu	Erzeugt ein neues Datenobjekt und öffnet die Detailsicht	Detailsicht
	Öffnen ...	Öffnet ein bestehendes Datenobjekt	Öffnen
	Filtern ...	Filtern-Dialog für diesen Objekttyp	Filtern
	Speichern	Speichert das Datenobjekt	-
	Speichern unter ...	Speichert das Datenobjekt unter einem anderen Namen	Speichern unter
	Ablegen in Ordner ...	Legt das Datenobjekt in einem Ordner ab	Listensicht
	Voriger	Wählt den vorigen Datensatz aus, falls mehrere angezeigt werden können	-
	Nächster	Wählt den nächsten Datensatz aus, falls mehrere angezeigt werden können	-
	Drucken...	Druckt das Datenobjekt	Drucken
	Löschen...	Löscht das Datenobjekt	Löschen
	Schließen	Schließt das Fenster	-
Bearbeiten	Standardmenü	siehe Listensicht	
Ansicht	<Notebookseiten-Liste>	Auswählen einer Notebook-Seite	-
Verzweigen	<Objektliste>	Liste aller Beziehungsobjekte	Verzweigen
Fenster	Standardmenü	siehe Anwendung	
Hilfe	Standardmenü	siehe Anwendung	

Tab. 6.7: Menüleiste einer Detailsicht

Wenn in einer Listensicht, die einer Detailsicht vorausging, mehrere Datenobjekte ausgewählt wurden, so muß es in der Detailsicht eine Möglichkeit geben, zwischen den Datenobjekten zu blättern. Dazu werden üblicherweise Pushbuttons verwendet (*rückwärts* „<<" bzw. *vorwärts* „>>"). Zusätzlich sollte in einer Statuszeile die Nummer des aktuellen Datenobjekts z. B. in der Form „3 von 12" angezeigt werden. Detailsichten haben eine Menüleiste (Tab. 6.7), die bei Bedarf durch eine Funktionsleiste ergänzt werden kann. Die Abb. 6.13 zeigt ein Beispiel für eine Detailsicht mit Pushbuttons („<<" bzw. „>>") zum Blättern der Datensätze.

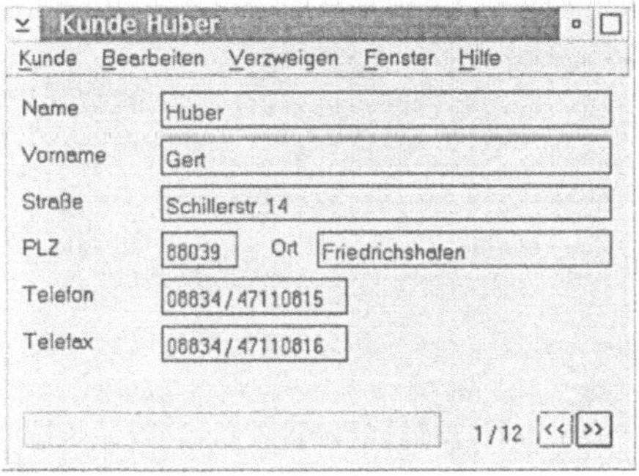

Abb. 6.13: Beispiel einer Detailsicht

6.4.5.1.1 Detailsicht mit Notebook

Häufig finden nicht alle Attribute eines Datenobjekts Platz in einem Fenster. Zur übersichtlichen Gestaltung kann in diesen Fällen ein *Notebook* verwendet werden. Ein Notebook besteht aus mehreren Seiten, von denen immer genau eine angezeigt wird. Mit Hilfe von *Reitern* wird, ähnlich wie bei Karteikarten üblich, eine übergeordnete Information angezeigt, die es dem Benutzer ermöglichen soll, schnell zu der gewünschten Seite zu gelangen. Auf einer Seite des Notebooks werden jeweils logisch zusammengehörende Attribute dargestellt.

Menü	Eintrag	Bedeutung	Nächster Dialog
Ansicht	<Seite 1>	Auswählen der ersten Notebook-Seite	-
	<Seite 2>	Auswählen der zweiten Notebook-Seite	-
	usw.		

Tab. 6.8: Ansicht-Menü einer Detailsicht mit Notebook

Detailsichten mit Notebook verfügen über ein zusätzliches Menü *Ansicht*, das zwischen den Menüs *Bearbeiten* und *Verzweigen* angeordnet wird (Tab. 6.8). Es enthält je einen Eintrag für jede Notebook-Seite und dient ebenfalls zur Auswahl einer Seite. Abb. 6.14 zeigt ein Beispiel für eine Detailsicht mit Notebook.

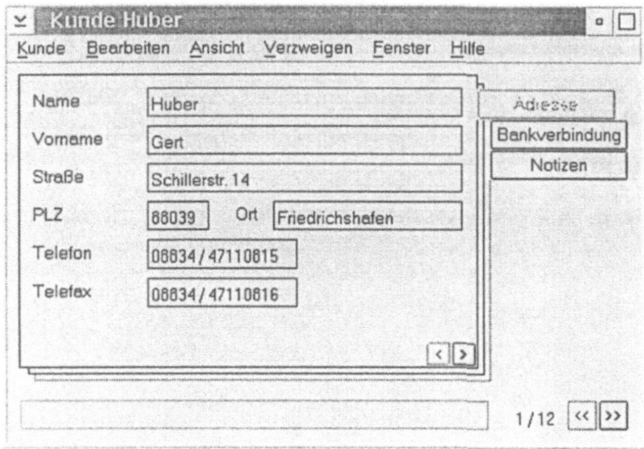

Abb. 6.14: Beispiel einer Detailsicht mit Notebook

6.4.5.1.2 Detailsicht mit Liste

Neben den Attributen eines Datenobjekts können in einer Detailsicht auch die Attribute von Objekten angezeigt werden, die in einer 1-zu-N-Beziehung zu dem aktuellen Datenobjekt stehen.

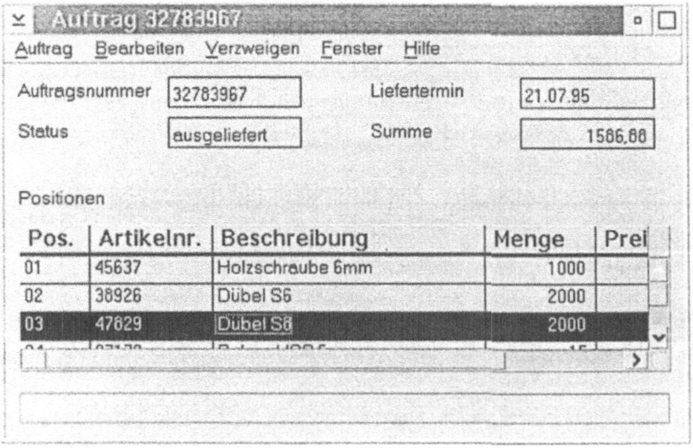

Abb. 6.15: Beispiel einer Detailsicht mit Liste

Zum Beispiel kann zu den Attributen des Datenobjekts *Kunde Meier* eine Liste mit allen Aufträgen des Kunden *Meier* angezeigt werden. Abb. 6.15 zeigt ein Beispiel für eine Detailsicht mit Liste.

6.4.5.2 Erweiterte Listensicht

Erweiterte Listensichten werden wie einfache Listensichten eingesetzt. Sie erlauben aber auch die direkte Bearbeitung der Daten in der Tabelle. Dadurch kann ein Zwischenschritt über die Detailsicht eingespart werden. Dies erfordert aber eine Menüleiste (Tab. 6.10). Neben der Bearbeitung können auch andere Funktionen wie Drucken oder Löschen direkt auf die Datenobjekte der Liste angewendet werden.

Werden mehrere Datenobjekte aus der Liste ausgewählt, so sollte die Anzahl der ausgewählten Datenobjekte in einer Statuszeile z. B. in der Form „2 von 10 Kunden ausgewählt" angezeigt werden. Abb. 6.16 zeigt ein Beispiel für eine erweiterte Listensicht.

Menü	Eintrag	Bedeutung	Nächster Dialog
<Objekt>	Neu	Erzeugt ein neues Datenobjekt und öffnet die Detailsicht	Detailsicht
	Öffnen	Öffnet das ausgewählte Datenobjekt	Detailsicht
	Filtern ...	Filtern-Dialog für diesen Objekttyp	Filtern
	Speichern	Speichert das ausgewählte Datenobjekt	-
	Speichern unter ...	Speichert das ausgewählte Datenobjekt unter einem anderen Namen	Speichern unter
	Ablegen in Ordner ...	Legt die ausgewählten Datenobjekte in einem Ordner ab	Listensicht
	Drucken ...	Druckt die ausgewälten Datenobjekte	Drucken
	Löschen...	Löscht die ausgewählten Datenobjekte	Löschen
	Schließen	Schließt das Fenster	-
Bearbeiten	Widerrufen	Macht die letzte Änderung rückgängig	-
	Ausschneiden	Schneidet markierten Feldinhalt aus und speichert ihn in einem Zwischenspeicher	-
	Kopieren	Kopiert markierten Feldinhalt in einen Zwischenspeicher	-
	Einfügen	Fügt kopierten oder ausgeschnittenen Feldinhalt aus dem Zwischenspeicher an der Cursorposition ein	-
	Löschen	Löscht markierten Feldinhalt	-
Ansicht	Sortieren nach...	Sortiert die Tabelle/Liste nach bestimmten Kriterien	Sortieren
	Spalten ordnen...	Ordnet die Spalten der Tabelle/Liste neu an	Ordnen
Verzweigen	<Objektliste>	Liste aller Beziehungsobjekte	Verzweigen
Fenster	Standardmenü	siehe Anwendung	
Hilfe	Standardmenü	siehe Anwendung	

Tab. 6.10: Menüleiste einer erweiterten Detailsicht

Kundenliste

Kunde Bearbeiten Ansicht Verzweigen Fenster Hilfe

Kundennr.	Name	Vorname	Straße	PLZ	Ort
125678	Müller	Heinz	Bahnhofstr. 22	70499	Stuttgart
678345	Schmidt	Eva	Gartenstr. 2	80120	München
934500	Huber	Gert	Schillerstr. 14	88039	Friedrichshafe
642833	Meier	Carola	Hauptstr. 56	71636	Ludwigsburg
366788	Becker	Sabine	Herdweg 7	70178	Stuttgart

Abb. 6.16: Beispiel einer erweiterten Listensicht

6.4.5.2.1 Erweiterte Listensicht mit Filter

Eine erweiterte Listensicht kann zusätzlich auch einige Eingabefelder enthalten, die wie ein Filter wirken und dazu verwendet werden, bestimmte Datensätze auszuwählen. Wird ein Wert in eines der Eingabefelder eingetragen, dann werden entweder alle Datensätze, deren Attribute nicht mit dem Eintrag beginnen, aus der Tabelle entfernt oder der erste Eintrag, dessen Attribut mit dem Eintrag übereinstimmt, wird markiert. Wenn z. B. bei einer Kundenliste im Eingabefeld *Name* ein S eingetragen wird, dann enthält die Tabelle anschließend nur noch die Kunden, deren Name mit S beginnt oder der erste Kunde, dessen Name mit S beginnt, wird markiert. Dadurch wird die Suche nach einem bestimmten Datensatz in umfangreichen Listen vereinfacht. Abb. 6.17 zeigt ein Beispiel für eine erweiterte Listensicht mit Filter.

Kundenliste

Kunde Bearbeiten Ansicht Verzweigen Fenster Hilfe

Kundennr. Straße

Name Hu Ort

Kundennr.	Name	Vorname	Straße	PLZ
125678	Müller	Heinz	Bahnhofstr. 22	70499
678345	Schmidt	Eva	Gartenstr. 2	80120
934500	Huber	Gert	Schillerstr. 14	88039
642833	Meier	Carola	Hauptstr. 56	71636

Abb. 6.17: Beispiel einer erweiterten Listensicht mit Filter

6.4.5.2.2 Erweiterte Listensicht mit mehreren abhängigen Tabellen

Erweiterte Listensichten können auch zwei oder mehr Tabellen enthalten. In der zweiten Tabelle werden dann alle Datenobjekte angezeigt, die zum ausgewählten Objekt der ersten Tabelle in Beziehung stehen. Die zweite Tabelle ist also abhängig von der ersten. Zum Beispiel kann die erste Tabelle mehrere Kunden enthalten. Wenn ein Kunde ausgewählt wird, dann werden in der zweiten Tabelle alle Aufträge dieses Kunden angezeigt (1-zu-N-Beziehung). Aus der zweiten Tabelle kann dann ein bestimmter Auftrag ausgewählt werden. Dadurch wird ein Zwischenschritt über eine weitere Listensicht eingespart. Abb. 6.18 zeigt ein Beispiel für eine erweiterte Listensicht mit zwei abhängigen Tabellen.

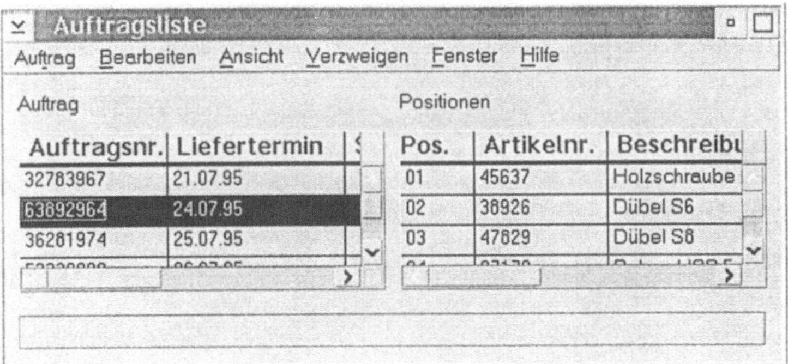

Abb. 6.18: Beispiel einer erweiterten Listensicht mit zwei abhängigen Tabellen

6.4.5.3 Vorgang

Vorgänge werden zur Darstellung von Arbeitsabläufen mit vorgegebenen Schritten verwendet. Ein Arbeitsablauf beinhaltet die Bearbeitung von mehreren Datenobjekten. Zum Beispiel kann ein Vorgang aus der Erfassung von Kundendaten, dem Aufnehmen einer Bestellung und dem Schreiben einer Rechnung bestehen. Die Datenobjekte werden mit Hilfe der üblichen Dialoge wie Listensicht und Detailsicht bearbeitet, damit die Objektbearbeitung konsistent ist.

Zur Darstellung der einzelnen Schritte werden die Ikonen der beteiligten Datenobjekte verwendet. Die Ikonen eines Vorgangs sollen aber von den Ikonen in einem Ordner unterschieden werden können. Sie könnten z. B. etwas kleiner und mit einem Rahmen dargestellt werden. Die Reihenfolge der Bearbeitung ist normalerweise beliebig. Sie kann aber aufgrund logischer Gründe, die eine bestimmte Reihenfolge erforderlich machen, eingeschränkt werden. Erledigte Arbeitsschritte müssen dem Benutzer kenntlich gemacht werden (z. B. durch einen Haken unter den Ikonen).

Je nach Komplexität der Arbeitsschritte können Vorgänge auch hierarchisch gegliedert werden. Die Auswahl eines Schrittes öffnet dann einen Vorgang mit den zugehörigen Teilschritten. Vorgänge haben eine Menüleiste (Tab. 6.11), die evtl. durch eine Funktionsleiste ergänzt werden kann. Abb. 6.19 zeigt ein Beispiel für einen Vorgang.

Menü	Eintrag	Bedeutung	Nächster Dialog
<Vorgang>	Neu	Erzeugt ein neuen Vorgang	Vorgang
	Speichern	Speichert den Zustand des Vorgangs	-
	Schließen	Schließt das Fenster	-
Fenster	Standardmenü	siehe Anwendung	
Hilfe	Standardmenü	siehe Anwendung	

Tab. 6.11: Menüleiste eines Vorgangs

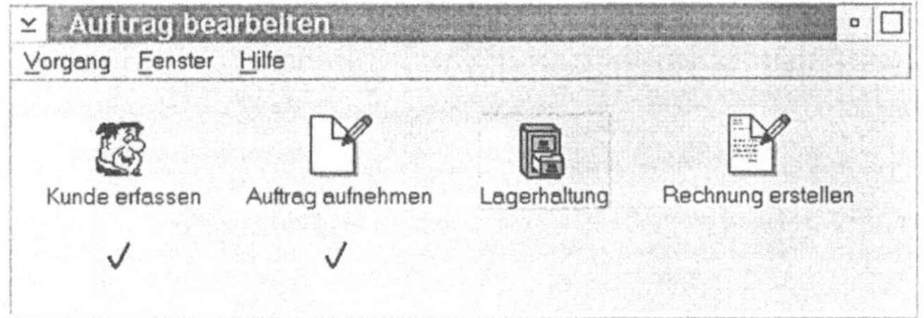

Abb. 6.19: Beispiel eines Vorgangs

6.4.6 Standard-Dialog: Meldung

6.4.6.1 Information

Informationen werden verwendet, um den Benutzer über einen unkritischen Zustand zu informieren. Es wird außer der Kenntnisnahme vom Benutzer keine Reaktion erwartet. Informationsfenster sind modal, d. h. der Benutzer kann erst weiterarbeiten, wenn er die Information durch Drücken des Pushbuttons Ok bestätigt hat. Abb. 6.20 zeigt ein Beispiel für ein Informationsfenster.

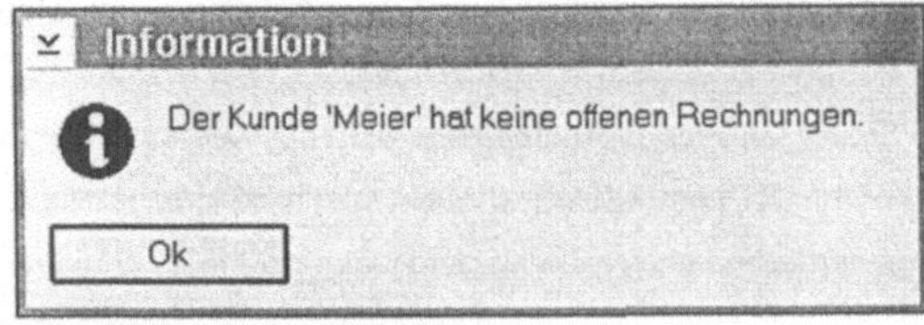

Abb. 6.20: Beispiel eines Informationsfensters

6.4.6.2 Warnung

Warnungen sind Meldungen, die eine kritische Aktion hinterfragen. Der Benutzer wird über die Konsequenzen seines Tuns informiert und kann dann entscheiden, ob er die Aktion ausführen oder abbrechen möchte. Warnungsfenster sind modal, d. h. der Benutzer kann erst dann weiterarbeiten, wenn er auf die Warnung reagiert hat. Die gewünschte Aktion wird durch Pushbuttons ausgeführt (Tab. 6.12). Abb. 6.21 zeigt ein Beispiel für eine Warnung.

Pushbutton	Bedeutung	Nächster Dialog
Ok	Aktion durchführen	-
Abbrechen	Aktion nicht durchführen	-
Hilfe	Hilfe zu dieser Warnung	Hilfesystem

Tab. 6.12: Pushbuttons einer Warnung

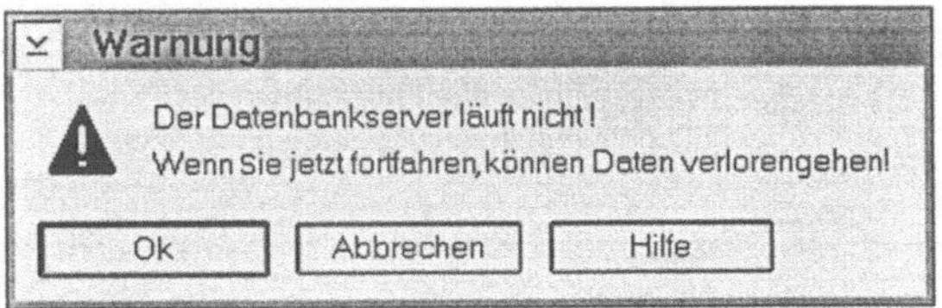

Abb. 6.21: Beispiel einer Warnung

6.4.6.2.1 Speichern

Ein Speichern-Dialog ist ein Spezialfall einer Warnung. Er warnt den Benutzer, wenn beim Schließen eines Fensters Änderungen noch nicht gespeichert sind. Der Benutzer kann dann entscheiden, ob die Daten gespeichert oder verworfen werden sollen, oder ob die Bearbeitung fortgesetzt werden soll. Speichern-Dialoge sind modal, d. h. der Benutzer kann erst weiterarbeiten, wenn er auf die Warnung reagiert hat. Die gewünschte Aktion wird mit Pushbuttons ausgewählt (Tab. 6.13). Abb. 6.22 zeigt ein Beispiel eines Speichern-Dialogs.

Pushbutton	Bedeutung	Nächster Dialog
Speichern	Änderungen speichern und Sicht schließen	-
Nicht speichern	Änderungen nicht speichern und Sicht schließen	-
Abbrechen	Zurück zur Listen- oder Detailsicht	Listen- oder Detailsicht
Hilfe	Hilfe zum Speichern	Hilfesystem

Tab. 6.13: Pushbuttons eines Speichern-Dialogs

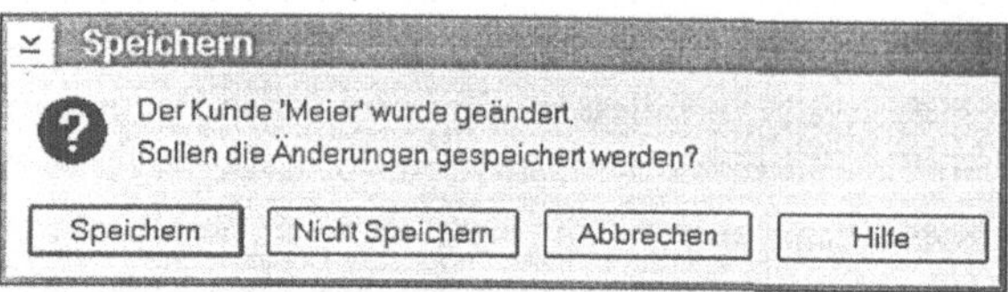

Abb. 6.22: Beispiel eines Speichern-Dialogs

6.4.6.2.2 Löschen

Ein Löschen-Dialog ist ein Spezialfall einer Warnung. Er wird verwendet, um den Benutzer zu fragen, ob ein Objekt wirklich gelöscht werden soll. Eine Nachfrage ist erforderlich, wenn die Daten unwiederbringlich gelöscht werden, d. h. wenn kein Widerruf der Aktion möglich ist. Löschen-Dialoge sind modal. Auch hier kann der Benutzer erst dann weiterarbeiten, wenn er auf die Warnung reagiert hat. Die gewünschte Aktion wird mit Pushbuttons ausgewählt (Tab. 6.14). Abb. 6.23 zeigt ein Beispiel für einen Löschen-Dialog.

Pushbutton	Bedeutung	Nächster Dialog
Löschen	Objekt löschen	-
Abbrechen	Objekt nicht löschen	-
Hilfe	Hilfe zum Löschen	Hilfesystem

Tab. 6.14: Pushbuttons eines Löschen-Dialogs

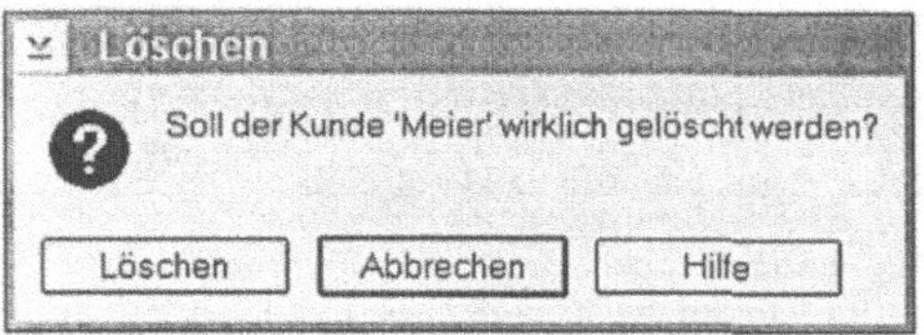

Abb. 6.23: Beispiel eines Löschen-Dialogs

6.4.6.3 Status

Bei Aufgaben, für die das System längere Zeit benötigt, sollte eine Statusanzeige Auskunft über den Fortschritt geben. Dazu wird häufig ein *Slider* verwendet, dessen Enden mit „0%“ und „100%“ beschriftet sind. Zusätzlich kann eine geschriebene Information in der Form „4 von 10 Rechnungen wurden gedruckt“ Auskunft über den derzeitigen Zustand geben. Ein Pushbutton *Abbrechen* ermöglicht das vorzeitige Beenden der Aufgabe. Wenn das System die Aufgaben im Hintergrund ausführen kann, werden für Statusanzeigen nicht-modale Fenster verwendet, sonst modale. Abb. 6.24 zeigt ein Beispiel für eine Statusanzeige.

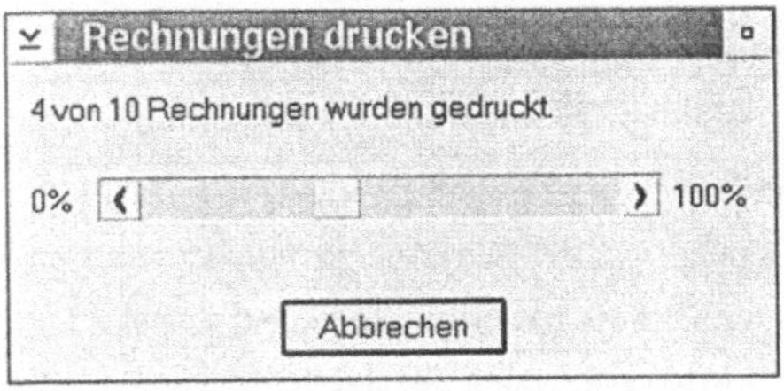

Rechnungen drucken

4 von 10 Rechnungen wurden gedruckt.

0% 100%

Abbrechen

Abb. 6.24: Beispiel einer Statusanzeige

7 Klassifikation von Dialogbausteinen

7.1 Allgemeines zur Klassifikation

Um Software-Dialogbausteine wiederverwenden zu können, müssen sie geeignet verwaltet werden. Dazu eignet sich eine Software-Bibliothek, in der neben Dialogbausteinen beliebige Software-Bausteine zur Wiederverwendung bereitgestellt werden können. Dem Software-Entwickler sollen verschiedene Möglichkeiten angeboten werden, auf die Software-Bausteine zuzugreifen:

- Direkte Auswahl aus einer Liste:

  Die Namen der Software-Bausteine werden dem Entwickler in Form einer Liste präsentiert. Er kann aus dieser Liste einen oder mehrere Bausteine auswählen oder detaillierte Informationen zu den Bausteinen abrufen.

- Suche nach Software-Bausteinen mit bestimmten Eigenschaften:

  Der Entwickler formuliert ein Suchprofil, in dem er die gewünschten Eigenschaften eines Dialogbausteins beschreibt. Als Ergebnis der Suche wird ihm eine Liste mit den Bausteinen präsentiert, die dem Suchprofil entsprechen. Aus dieser Liste können wiederum Bausteine ausgewählt und Detailinformationen betrachtet werden. Diese Methode entspricht der Facettenmethode.

- Suche nach ähnlichen oder abhängigen Software-Bausteinen:
  Der Entwickler wählt aus einer Liste, die entweder alle oder die per Suchprofil bestimmten Software-Bausteine enthält, einen Baustein aus. Danach wird dem Entwickler eine Liste mit ähnlichen oder abhängigen Bausteinen präsentiert. Mit Hilfe dieser Liste kann der Entwickler direkt zu den Detailinformationen anderer Bausteine navigieren. Diese Methode ist eine begrenzte Hypertext-Methode.

Für die beiden letztgenannten Möglichkeiten müssen Eigenschaften der Software-Bausteine bekannt sein. Die Zuordnung von Eigenschaften zu einem Objekt nennt man *Klassifikation.*

7.2 Entwurf einer Klassifikation

Um Dialogbausteine aus einer größeren Menge auszuwählen, müssen sie nach bestimmten Eigenschaften unterschieden werden können. Zunächst wird für alle Software-Bausteine eine gemeinsame Menge von Eigenschaften, sogenannte *Facetten*, bestimmt (Tab. 7.1). Dann wird jedem Baustein und jeder Facette ein Term zugeordnet. Terme gehören entweder einem Wertebereich an (z. B. ganze Zahlen, Text, Datum, Tab. 7.2) oder werden einem *Thesaurus* (Tab. 7.3) entnommen.

Ein Thesaurus enthält eine Menge von zulässigen Termen für eine bestimmte Facette. Dadurch kann der Wertebereich auf eine sinnvolle Menge von Termen eingeschränkt werden. Sowohl die Klassifikation als auch die Suche nach bestimmten Eigenschaften werden dadurch wesentlich erleichtert. Gleichzeitig werden Mehrdeutigkeiten vermieden.

Die Facetten-Methode wird in mehreren Literaturstellen beschrieben (z. B. in Prieto-Diaz & Freeman, 1987; Hooper & Chester, 1991; Convent & Wernecke, 1994; Meier & Röpert, 1994). Die Autoren verwenden dabei unterschiedliche Facetten-Mengen, die zudem häufig auf die Klassifikation von C++- oder Smalltalk-Klassenbibliotheken spezialisiert sind.

Die hier vorgestellte Facetten-Menge bildet eine Obermenge der in der Literatur aufgeführten Mengen. Ziel ist es, eine Facetten-Menge zu schaffen, die nicht nur für einen bestimmten Typ von Software-Bausteinen (wie z. B. Code oder Dialogbausteine) geeignet ist. Statt dessen wurden die Facetten so gewählt, daß die meisten unabhängig vom Typ der Software-Bausteine sind. Nur wenige Facetten müssen an den jeweiligen Bausteintyp angepaßt werden. Diese Facetten können in der Gruppe „Eigenschaften" zusammengefaßt werden. Die Facette Bausteinkategorie beschreibt den Typ des Bausteins. Die anderen Facetten beziehen sich auf diesen Typ. Für den Fall der Dialogbausteine lauten die Facetten *Anwendungstyp, Dialogtyp, Objekttyp* und *Styleguide*.

Um die große Anzahl der Facetten übersichtlich zu gestalten, wurden sieben Gruppen gebildet:

- Identifikation: Information über Name, Version und Zustand des Software-Bausteins,
- Eigenschaften: Kategorie des Software-Bausteins und kategoriespezifische Facetten zur Beschreibung der Eigenschaften des Bausteins,
- Beschreibung: Umgangssprachliche Beschreibung zur Dokumentation und Freitext-Suche sowie Schlüsselworte für die Schlüsselwort-Suche,
- Implementierung: Details der für die Implementierung verwendeten Hard- und Software,
- Abhängigkeiten: Soft- und Hardware-Abhängigkeiten, die nicht unter Implementierung erfaßt sind,
- Autor: Name und gegebenenfalls Adresse des Urhebers des Bausteins,
- Verweise: Referenzen für die Suche nach ähnlichen und zugehörigen Bausteinen.

Tab. 7.1 zeigt eine Übersicht der Gruppen und ihrer Facetten. In der Gruppe „Eigenschaften" sind die Facetten, die speziell für Dialogbausteine gelten, aufgeführt. Die Spalte *Wertebereich/Thesaurus* enthält einen Verweis auf den zugehörigen Wertebereich oder Thesaurus. Thesauri sind mit geschweiften Klammern gekennzeichnet.

Gruppe / Facette	Wertebereich / Thesaurus	Beschreibung
Identifikation		
Name	Wert	Name des Bausteins
Identifikator	Wert	Eindeutiger Identifikator des Bausteins
Version	Wert	Versionsnummer des Bausteins
Erstellt am	Datum	Datum der Erstellung
Geändert am	Datum	Datum der letzten Änderung
Projekt	Wert	Name des Projekts, aus dem der Baustein stammt
Qualität	{Qualität}	Qualitätsstufe des Bausteins, siehe Tabelle 7.3
Installationen	Zahl	Anzahl der Installationen bzw. Verwendungen des Bausteins
Eigenschaften		
Bausteinkategorie	{Bausteinkategorie}	Typ des Software-Bausteins (hier Dialogbaustein)
Anwendungstyp	{Anwendungstyp}	Art der Anwendung, für die der Dialogbaustein entwickelt wurde (spezifisch für Dialogbausteine, siehe Tab. 7.3 und Kap. 7.3)
Dialogtyp	{Dialogtyp}	Art des Dialogs (spezifisch für Dialogbausteine, siehe Tab. 7.3 und Kap. 7.3)
Objekttyp	{Objekttyp}	Art der Datenobjekte, die mit dem Dialog dargestellt werden (spezifisch für Dialogbausteine, siehe Tab. 7.3 und Kap. 7.3)
Styleguide	{Styleguide}	Styleguide, an dem sich die Gestalt des Dialogs orientiert (spezifisch für Dialogbausteine, siehe Tab. 7.3 und Kap. 7.3)
Beschreibung		
Beschreibung	Datei	Verweis auf eine Datei, die eine Beschreibung des Bausteins enthält
Schlüsselwörter	Liste	Liste von Schlüsselwörtern des Bausteins
Dokumentation	Liste	Liste von Verweisen auf Dokumentation zum Baustein
Implementierung		
Plattform	{Plattform}	Plattform, für die der Baustein implementiert ist
Betriebssystem	{Betriebssystem}	Betriebssystem, für das der Baustein implementiert ist
Fenstersystem	{Fenstersystem}	Fenstersystem, für das der Baustein implementiert ist
Programmiersprache	{Programmiersprache}	Programmiersprache, für die der Baustein implementiert ist
Werkzeug	Wert	Werkzeug, mit dem der Baustein erstellt wurde
Medium	{Medium}	Art des Mediums, auf dem der Baustein vorliegt
Aufbewahrungsort	Wert	Aufbewahrungsort des Mediums
Größe	Wert	Größe des Bausteins (mit Einheit)
Abhängigkeiten		
Software	Liste	Liste von Software-Abhängigkeiten, die nicht in der Gruppe *Implementierung* erfaßt sind
Hardware	Liste	Liste von Hardware-Abhängigkeiten, die nicht in der Gruppe *Implementierung* erfaßt sind
Bestandteil von	Liste	Liste von Bausteinen, die diesen Baustein als Bestandteil enthalten
Zusammengesetzt aus	Liste	Liste von Bausteinen, die in diesem Baustein als Bestandteil enthalten sind

Tab. 7.1: Facetten zur Klassifikation von Software-Bausteinen (Teil 1)

Gruppe / Facette	Wertebereich / Thesaurus	Beschreibung
Autor		
Autor	Wert	Name des Autors
Firma	Wert	Firma des Autors oder Firma als Autor
Abteilung	Wert	Abteilung der Firma
Straße	Wert	Straße und Hausnummer des Autors oder der Firma
PLZ	Wert	Postleitzahl des Autors oder der Firma
Ort	Wert	Ort des Autors oder der Firma
Telefon	Wert	Telefonnummmer des Autors oder der Firma
Telefax	Wert	Telefaxnummer des Autors oder der Firma
EMail	Wert	E-Mail-Adresse des Autors oder der Firma
WWW	Wert	World-Wide-Web-Adresse des Autors oder der Firma
Verweise		
Ähnliche Bausteine	Liste	Liste ähnlicher Bausteine
Siehe auch	Liste	Liste von Bausteinen mit Bezug zu diesem Baustein
Vorschau	Datei	Dateiname eines Vorschau-Bildes des Bausteins

Tab. 7.1: Facetten zur Klassifikation von Software-Bausteinen (Teil 2)

Wertebereich	Beschreibung	Beispiel
Wert	Kurzer einzeiliger Text	Industriestr. 123
Liste	mehrere einzeilige Texte, durch Semikolon getrennt	Eintrag1;Eintrag2;Eintrag3
Datum	Datum im Format TT.MM.JJJJ	17.04.1997
Zahl	Positive ganze Zahl	1234
Datei	Pfad- und Dateiname eines Dateisystems	/bibliothek/dialoge/info1.doc

Tab. 7.2: Wertebereiche zur Klassifikation von Software-Bausteinen

Thesaurus	Begriffe
Qualität	ungetestet, Modultest, Systemtest, Alpha-Version, Beta-Version, ...
Bausteinkategorie	Anwendung, Code, Daten, Dialog, Dokumentation, Entwurf, ...
Anwendungstyp	Informationssystem, Multimedia, ...
Dialogtyp	Einstieg, Auswahl, Bearbeitung, Meldung
Objekttyp	Datenobjekt, homogenes Mengenobjekt, heterogenes Mengenobjekt, Aggregationsobjekt, Informationsobjekt
Styleguide	IBM CUA 91, OSF/Motif 2.0, Windows 3.1, Open Look, firmenspezifisch
Plattform	Mainframe, PC, Workstation, Supercomputer
Betriebssystem	Apple System 7, OS/2 2.x, Windows 3.x, Windows 95, SunOS 4.x, Solaris 2.x, HP-UX, Linux, ...
Fenstersystem	Alpha Windows, IBM Presentation Manager, MS Windows, X-Windows, ...
Programmiersprache	Ada, C, C++, Cobol, Lisp, Modula-2, Pascal, Smalltalk, ...
Medium	lokale Datei, entfernte Datei, CD-ROM, Diskette 3,5", ...

Tab. 7.3: Thesauri zur Klassifikation von Software-Bausteinen

7.3 Klassifikation von Standard-Dialogbausteinen

Zur Klassifikation von Standard-Dialogbausteinen werden neben den für alle Software-Bausteine gültigen Facetten die vier spezifischen Facetten *Anwendungstyp, Dialogtyp, Objekttyp* und *Styleguide* verwendet (siehe Tab. 7.1 und 7.3). Dabei haben die Facetten folgende Bedeutung:

- *Anwendungstyp* bezeichnet die Art der Anwendung, für die der Baustein erstellt wurde. In diesem Falle sind es ausschließlich Informationssysteme. Andere Arten von Anwendungen sind zum Beispiel Multimedia- oder CAD-Anwendungen. Für diese Anwendungen könnten völlig andere oder zusätzliche Dialogbausteine als die hier beschriebenen entwickelt werden.
- *Dialogtyp* beschreibt die Art des Dialogs und bezieht sich auf den vorgesehenen Einsatz eines Bausteins. Dialogbausteine für Informationssysteme werden danach unterschieden, ob sie für den *Einstieg* in eine Anwendung, die *Auswahl* von Information, die *Bearbeitung* von Daten oder für *Meldungen* vorgesehen sind.
- *Objekttyp* bezeichnet die Art der Daten, die in einem Dialog dargestellt bzw. bearbeitet werden können. Für Informationssysteme können fünf verschiedene Arten unterschieden werden:
  - *Datenobjekte*: Einzelne Datenobjekte wie z. B. der Kunde *Meier* oder der Auftrag *12345*,
  - *Homogene Mengenobjekte*: Mehrere Datenobjekte desselben Typs, z. B. alle Kunden oder alle Aufträge eines Kunden,
  - *Heterogene Mengenobjekte*: Mehrere Objekte unterschiedlichen Typs, z. B. die Objekte in einem Ordner (Datenobjekte, Anwendungen, andere Ordner),
  - *Aggregationsobjekte*: Kombination aus Daten- und Mengenobjekten, z. B. der Kunde *Meier* (Datenobjekt) und seine Aufträge (homogenes Mengenobjekt),
  - *Informationsobjekte*: Informationen für den Benutzer.
- *Styleguide* gibt schließlich die Gestaltungsrichtlinien an, nach denen der Dialogbaustein erstellt wurde. Dialogbausteine können unterschiedlich aussehen und sich anders verhalten, je nachdem, ob sie z. B. für das Fenstersystem Microsoft Windows oder OSF/Motif entworfen wurden.

7.4 Realisierung der Dialogbaustein-Klassifikation

Nach dem obigen Schema wurden die in Kapitel 6 vorgestellten Dialogbausteine klassifiziert. Um die Bausteine verwalten zu können, muß die Klassifikation gespeichert werden. Dazu gibt es folgende Möglichkeiten:

- Die Klassifikation wird getrennt von der Implementierung der Bausteine gespeichert.

  Dazu ist entweder eine explizite Verbindung, z. B. durch einen Verweis in der Klassifikation auf die Implementierung oder umgekehrt notwendig, oder eine implizite Verbindung, z. B. durch gleiche Dateinamen mit unterschiedlicher Extension. Der Vorteil dieser Speicherung liegt in der leichteren Bearbeitbarkeit der Klassifikation. Ein Nachteil dieser Methode ist, daß bei einer Änderung an einem Baustein die Klassifikation veraltet oder falsch wird.

- Die Klassifikation wird in der Implementierungsdatei abgelegt.
  Dies kann z. B. bei Code-Bausteinen als Kommentar am Anfang der Datei geschehen. Dies hat den Vorteil, daß die Klassifikation fest mit der Implementierung verbunden ist und geringere Fehler durch falsche oder alte Verweise entstehen. Auch ist die Bearbeitung der Klassifikation direkt mit der Erstellung des Bausteins möglich. Größere Nachteile sind nicht bekannt.

```
!! BEGIN Classification
!! 00 Name                        (Anmelden)
!! 01 Identifikator               (DBS_Anmelden)
!! 02 Version                     (1.0)
!! 03 ErstelltAm                  (01.09.1996)
!! 04 GeaendertAm                 (01.09.1996)
!! 05 Projekt                     (Dissertation Ilg)
!! 06 Qualitaet                   (ungetestet)
!! 07 Installationen              (0)
!! 08 Bausteinkategorie           (Dialog)
!! 09 Anwendungstyp               (Informationssystem)
!! 10 Dialogtyp                   (Einstieg)
!! 11 Objekttyp                   (Datenobjekt)
!! 12 Styleguide                  (CUA 91)
!! 13 Beschreibung                (anmelden.doc)
!! 14 Schluesselwoerter           (Anmelden;Login)
!! 15 Dokumentation               (Dissertation Ilg, Kapitel 6,
                                  IAT, Universitaet Stuttgart)
!! 16 Plattform                   (PC)
!! 17 Betriebssystem              (OS/2 3.0)
!! 18 Fenstersystem               (IBM Presentation Manager)
!! 19 Programmiersprache          (C)
!! 20 Werkzeug                    (ISA Dialog-Manager A.02.18.e)
!! 21 Medium                      (lokale Datei)
!! 22 Aufbewahrungsort            ()
!! 23 Groesse                     (3845 Byte)
!! 24 Software                    ()
!! 25 Hardware                    ()
!! 26 BestandteilVon              ()
!! 27 ZusammengesetztAus          ()
!! 28 Firma                       (Universität Stuttgart)
!! 29 Abteilung                   (Institut für Arbeitswissenschaft
                                  und Technologiemanagement IAT)
!! 30 Autor                       (Rolf Ilg)
!! 31 Strasse                     (Nobelstr. 12)
!! 32 PLZ                         (70569)
!! 33 Ort                         (Stuttgart)
!! 34 Telefon                     (0711/970-01)
!! 35 Telefax                     (0711/970-2299)
!! 36 EMail                       (Rolf.Ilg@iao.fhg.de)
!! 37 WWW                         (www.uni-stuttgart.de)
!! 38 AehnlicheBausteine          ()
!! 39 SieheAuch                   (DBS_Anwendung)
!! 40 Vorschau                    (anmelden.gif)
!! 41 Dateiname                   (anmelden.dbc)
!! END Classification
```

Abb. 7.1: Klassifikation eines Dialogbausteins

Für die in dieser Arbeit dargestellten Dialogbausteine wurde die zweite Methode verwendet. Da die Dialogbausteine mit dem ISA Dialog-Manager erstellt wurden, konnte auch die zur Verfügung stehende Text-Datei zur Beschreibung der Dialoge verwendet werden. In dieser Datei können an beliebigen Stellen Kommentarzeilen eingefügt werden. Diese beginnen jeweils mit zwei Ausrufungszeichen. Die Klassifikation kann deshalb in diesen Kommentarzeilen gespeichert werden. Jede Zeile enthält den Namen genau einer Facette und den Term der Facette in Klammern. Zur leichteren Auffindbarkeit enthält die Datei die beiden Marken *BEGIN Classification* und *END Classification*. Ein Beispiel einer Klassifikation zeigt das Listing in Abb. 7.1.

7.5 Änderung der Dialogbaustein-Klassifikation

Die vorgestellte Facettenmethode zur Klassifikation von Software-Bausteinen geht von einer festen Anzahl von Facetten aus, die jeweils einen bestimmten Wertebereich oder Thesaurus besitzen. Für zukünftige Bausteine können sich die Auswahl der Facetten als auch deren Wertebereiche bzw. Thesauri als unzureichend erweisen, weil z. B. Hard- und Software ständig weiterentwickelt werden. Auch können neue Betriebssysteme, Medien oder Bausteintypen Änderungen am Klassifikationsschema erforderlich machen. Es lassen sich drei Arten von Änderungen unterscheiden:

- Erweiterung der Termmenge eines Thesaurus: Es wird in Zukunft neue Betriebssysteme oder Medien geben, die in den jeweiligen Thesaurus aufgenommen werden müssen.
- Verfeinerung der Termmenge eines Thesaurus: Die Einführung von z. B. High-Density-CD-ROMs macht eine Verfeinerung der Termmenge erforderlich. Es genügt nicht, den zusätzlichen Term HD-CD-ROM in den Thesaurus aufzunehmen, weil dann für den Term CD-ROM nicht mehr eindeutig wäre, ob er sich ausschließlich auf die normalen CD-ROMs bezieht oder als Oberbegriff beider Arten zu verstehen ist.
- Änderungen an der Facetten-Menge: Insbesondere bei Erweiterung für neue Typen von Software-Bausteinen kann eine solche Änderung notwendig werden, die sich so stark von den bisherigen unterscheiden, daß zusätzliche Facetten zur umfassenden Beschreibung ihrer Eigenschaften notwendig werden.

Die Konsequenzen dieser drei Arten von Änderungen sind sehr unterschiedlich:

- Erweiterungen der Termmenge eines Thesaurus sind relativ unproblematisch. Der Wertebereich wird so erweitert, daß er den alten Wertebereich einschließt, d. h. der neue Term wird einfach zum Thesaurus hinzugefügt. Alte Bausteine müssen nicht neu klassifiziert werden, denn der neue Term kommt für die alten Bausteine nicht in Frage. Auf der Anwendungsseite müssen lediglich die Auswahlmechanismen für einen Term (z. B. Liste) um den neuen Term erweitert werden. Es kann sein, daß in seltenen Fällen Funktionen, die Daten eines bestimmten Wertebereichs bearbeiten, ebenfalls angepaßt werden.

- Verfeinerungen der Termmenge machen auf der Anwendungsseite dieselben Änderungen nötig wie eine Erweiterung (siehe oben). Es müssen aber alle alten Bausteine, die mit dem verfeinerten Term klassifiziert wurden, neu klassifiziert werden. Bei großen Bibliotheken kann dieser Aufwand beträchtlich sein.
- Änderungen an der Facetten-Menge ziehen umfangreiche Veränderungen an Anwendungsprogrammen und bereits klassifizierten Bausteinen nach sich. Bestehende Anwendungen kennen nur die ursprüngliche Facetten-Menge. Um neue Facetten berücksichtigen zu können, sind Änderungen an der Benutzungsoberfläche und der Anwendungslogik notwendig. Dazu muß die Klassifikation bestehender Bausteine geändert werden, da die neuen Facetten bei den alten Bausteinen noch nicht vorhanden sind. Für Facetten, die nicht zwingend angegeben werden müssen, können diese Änderungen auch entfallen, wenn die Anwendungsprogramme fehlende Facetten als undefiniert betrachten und entsprechend behandeln. Eine Änderung der Facetten-Menge ist noch wesentlich aufwendiger als die beiden oben beschriebenen Änderungen und sollte deshalb durch eine sorgfältige Auswahl der Facetten vermieden werden.

8 Entwurf und Implementierung der Standard-Dialogbausteine

Im Kapitel 6 wurden aus Anwendungen im Bereich Informationssysteme typische Dialogabläufe dargestellt. Die ermittelten Dialoge wurden mit Hilfe eines User Interface Mangement Systems (UIMS) als Standard-Dialogbausteine implementiert. Dem Entwickler dienen die Bausteine als Vorlagen für konkrete Dialoge einer neuen Anwendung. Sie sind vergleichbar mit den Klassen der objektorientierten Programmierung. Die konkreten Dialoge einer Anwendung entsprechen den Instanzen. Die Instanzen erben alle Eigenschaften der Klasse, von der sie abgeleitet wurden.

Als Werkzeug zur Implementierung der Dialogbausteine wurde das UIMS ISA Dialog-Manager (aktuell: ISA, 1997) verwendet, da es neben einer plattformunabhängigen Realisierung ein geeignetes Vorlagen-Konzept und entsprechende Vererbungsmechanismen bietet. Durch eine ereignisorientierte Sprache kann neben der statischen Gestaltung der Dialoge auch die Abfolge der Dialoge gesteuert werden.

8.1 Modellvorlagen

Um die Dialogbausteine weiterverwenden zu können, müssen sie als Vorlagen implementiert werden. Der Dialog-Manager bietet zwei verschiedene Vorlagen: Objekt- und Modellvorlagen. Da Dialogbausteine aus mehreren Interaktionsobjekten zusammengesetzt sind, werden für die Implementierung Modellvorlagen gewählt, d. h. für jeden Dialogbaustein wird genau eine Modellvorlage erstellt.

Die Modellvorlagen bestehen aus einer Fensterdefinition und den jeweils notwendigen Interaktionsobjekten. Sie können für beliebig viele Instanzen eingesetzt werden, wenn der Name der Vorlage als Referenz angegeben ist.

Die Abb. 8.1 zeigt einen Ausschnitt einer Dialog-Manager-Datei, die eine Modellvorlage definiert. Hierbei wird ein Fenster festgelegt, das ein Eingabefeld mit der Bezeichnung *Kundennummer* enthält sowie die beiden Pushbuttons *OK* und *Abbrechen.*

Das in Abb. 8.1 beschriebene Modell kann als Vorlage für weitere Fenster verwendet werden. Die oft sehr umfangreiche Attributliste kann von der Vorlage geerbt werden. Eine Instantiierung einer Modellvorlage (d. h. Ableitung von einer bestehenden Modellvorlage) ist möglich. Abb. 8.2 zeigt einen Ausschnitt der Definition, in der ein Fenster mit dem Bezeichner *KundeOeffnen* erzeugt wird, das von der Modellvorlage *ModelOeffnen* abgeleitet ist.

```
/* Eine Fenster-Vorlage mit dem Bezeichner "ModelOeffnen" */
Model window ModelOeffnen
{
      .title  "öffnen";              /* Fenstertitel "Öffnen" */
      .width  340;                   /* Fensterbreite 340 Pixel */
      .height 100;                   /* Fensterhöhe 100 Pixel */
                                     /* evtl. weitere Attribute */

      /* Ein statischer Text mit dem Bezeichner "ModelKundennummer" */
      child statictext ModelKundennummer
      {
            .text  "Kundennummer";   /* Text = "Kundennummer" */
            .xleft 10;               /* X-Pos. = 10 Pixel von links */
            .ytop  10;               /* Y-Pos. = 10 Pixel von oben */
                                     /* evtl. weitere Attribute */
      }

      /* Ein Eingabefeld mit dem Bezeichner "ModelEingabe" */
      child edittext ModelEingabe
      {
            .width 200;              /* Breite = 200 Pixel */
            .xleft 120;              /* X-Pos. = 120 Pixel von links */
            .ytop  10;               /* Y-Pos. = 10 Pixel von oben */
                                     /* evtl. weitere Attribute */
      }

      /* Ein Pushbutton mit dem Bezeichner "ModelOk" */
      child pushbutton ModelOk
      {
            .text    "Ok";           /* Beschriftung = "Ok" */
            .xleft   10;             /* X-Pos. = 10 Pixel von links */
            .ybottom 10;             /* Y-Pos. = 10 Pixel von unten */
                                     /* evtl. weitere Attribute */
      }

      /* Ein Pushbutton mit dem Bezeichner "ModelAbbrechen" */
      child pushbutton ModelAbbrechen
      {
            .text    "Abbrechen";    /* Beschriftung = "Abbrechen" */
            .xleft   120;            /* X-Pos. = 120 Pixel von links */
            .ybottom 10;             /* Y-Pos. = 10 Pixel von unten */
                                     /* evtl. weitere Attribute */
      }
}
```

Abb. 8.1: Ausschnitt aus einer Dialog-Manager-Datei zur Definition einer Modellvorlage

```
window KundeOeffnen
{
      .model ModelOeffnen;
}
```

Abb. 8.2: Instantiierung einer Modellvorlage

Die Abb. 8.3 zeigt die Bildschirmdarstellung des Fensters *KundeOeffnen*.

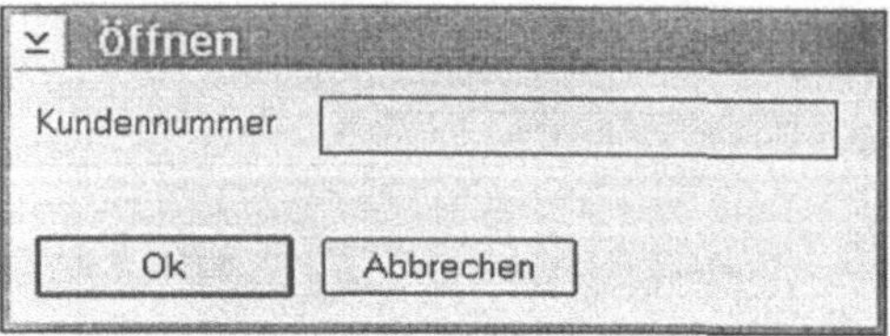

Abb. 8.3: Darstellung des Fensters *KundeOeffnen* auf dem Bildschirm

Die Eigenschaften, die von der Modellvorlage geerbt worden sind, können bei einer Instantiierung geändert werden. Das ermöglicht eine individuelle Anpassung an einen speziellen Anwendungsfall.

8.2 Entwurf der Standard-Dialogbausteine

Um die Standard-Dialogbausteine für viele Anwendungsfälle verwenden zu können, wurden sie möglichst allgemein gehalten. Für den konkreten Anwendungsfall können die Bausteine entsprechend angepaßt werden. Hierbei ist folgendes zu beachten:

- Für die Anpassungsmöglichkeit der Texte bei der Instantiierung wurden spitze Klammern verwendet. Beispiel: In einem Öffnen-Fenster kann der Text „<Schlüssel>" z. B. durch „Kunde" ersetzt werden.
- Wenn nicht alle notwendigen Interaktionsobjekte für einen Dialogbaustein bekannt sind, werden einige beispielhaft angegeben. Beispiel: Es können für eine Detailsicht die Interaktionsobjekte zur Darstellung der Daten nicht im voraus bestimmt werden. Deshalb werden Eingabefelder mit den Beschriftungen „<Attribut 1>", „<Attribut 2>" usw. angegeben. Bei der Anpassung können dann z. B. Eingabefelder mit den Beschriftungen „Name", „Vorname", „Ort" usw. erzeugt werden.
- Bei den Menüs wurden immer alle sinnvollen Menüeinträge angegeben. Ist es notwendig, den einen oder anderen Menüeintrag wegzulassen, so kann bei der Instantiierung dieser Definitionsabschnitt einfach gelöscht werden.
- Als eigenständige Modellvorlage wurde die Funktionsleiste implementiert. Soll ein Fenster eine Funktionsleiste erhalten, so kann die Vorlage für dieses Fenster instantiiert werden.
- Für die Funktionen müssen Regeln hinzugefügt werden, die sich auf Instanzen von Objekten beziehen oder anwendungsspezifisch sind. Beispiel: Für einen Dialogbaustein zum Auswählen eines Datenobjekts aus einer Liste (Listensicht) muß eine Regel implementiert werden, die beim Betätigen des OK-Pushbuttons das Fenster schließt. Das dann zu öffnende Fenster muß jedoch eine konkrete Instanz sein. Es kann deshalb keine Regel im voraus für dieses Modell angegeben werden.

Abb. 8.4 zeigt einen Ausschnitt aus einer Dialog-Manager-Datei, bei der eine einfache Listensicht implementiert worden ist. Das Beispiel definiert ein Fenster mit einer Tabelle und den drei Pushbuttons *OK*, *Abbrechen* und *Hilfe*. Die zwei Regeln am Ende der Definition schließen das Fenster, wenn der Benutzer den Pushbutton *OK* oder *Abbrechen* auswählt.

```
Model window DBS_ListeEinfach1
{
      .active           false;
      .xauto            0;
      .xleft            10;
      .width            340;
      .yauto            1;
      .ytop             10;
      .height           100;
      .posraster        false;
      .sizeraster       false;
      .xraster          1;
      .yraster          1;
      .dialogbox        true;
      .iconifyable      false;
      .minheight        180;
      .minwidth         340;
      .maxheight        0;
      .maxwidth         0;
      .title            "<Objekte>liste";
      child tablefield TF_Liste
      {
            .xauto            0;
            .xleft            10;
            .xright           10;
            .yauto            0;
            .ytop             10;
            .ybottom          50;
            .posraster        false;
            .sizeraster       false;
            .rowcount         5;
            .xraster          0;
            .yraster          0;
      }
      child pushbutton PB_Ok
      {
            .xauto            1;
            .xleft            10;
            .width            100;
            .yauto            -1;
            .height           25;
            .ybottom          10;
            .posraster        false;
            .sizeraster       false;
            .text             "Ok";
            .defbutton        true;
      }
      child pushbutton PB_Abbrechen
      {
            .xauto            1;
            .xleft            120;
            .width            100;
```

```
            .yauto          -1;
            .height         25;
            .ybottom        10;
            .posraster      false;
            .sizeraster     false;
            .text           "Abbrechen";
      }
      child pushbutton PB_Hilfe
      {
            .xauto          1;
            .xleft          230;
            .width          100;
            .yauto          -1;
            .height         25;
            .ybottom        10;
            .posraster      false;
            .sizeraster     false;
            .text           "Hilfe";
      }
}

on DBS_ListeEinfach1PB_Ok select
{
      this.window.visible := false;
}

on DBS_ListeEinfach1.PB_Abbrechen select
{
      this.window.visible := false;
}
```

Abb. 8.4: Implementierung einer einfachen Listensicht

Abb. 8.5 zeigt die Darstellung einer einfachen Listensicht auf dem Bildschirm.

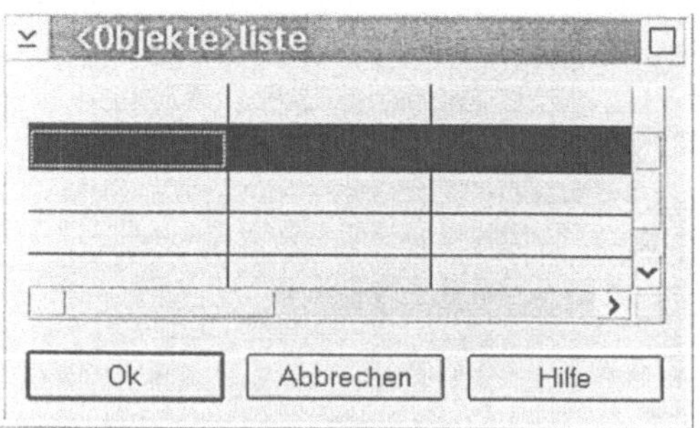

Abb. 8.5: Bildschirmdarstellung einer einfachen Listensicht

8.3 Implementierung der Standard-Dialogbausteine

Im Anhang (Kap. 12.5) ist die Liste der implementierten Dialogbausteine aufgeführt. Dabei wurde in die vier Kategorien Einstieg, Auswahl, Bearbeitung und Meldung unterschieden. Es wurden jeweils die Grundtypen und gegebenenfalls zusätzliche Varianten (z. B. Listensicht mit abhängigen Tabellen) implementiert.

Die Bausteine sind mit dem zum ISA Dialog-Manager mitgelieferten Editor erstellt worden. Die Modellvorlagen wurden aus der erzeugten Text-Datei in jeweils eine Datei pro Baustein kopiert. Diese Dialogbaustein-Dateien enthalten jeweils genau eine Modellvorlage, eventuell mehrere Regeln zu dieser Vorlage und die Klassifikation des Bausteins als Kommentar.

Um eine neue Datei zu erzeugen, die bestimmte Dialogbausteine enthält und mit dem Dialog-Manager-Editor bearbeitet werden soll, genügt es, die Baustein-Dateien hintereinander zu kopieren. Da eine gültige Dialog Datei mit den Definitionen von Dialog, Ressourcen und Objektvorlagen beginnt, muß noch eine Datei mit den Standarddefinitionen am Anfang der Dialogdatei eingefügt werden. Hier sind unter anderem Voreinstellungen für die Attribute der Interaktionsobjekte enthalten. Um eine ungewollte Veränderung dieser Definitionen zu vermeiden, werden in den Dialogbaustein-Definitionen alle wichtigen Attribute explizit angegeben. Das gilt insbesondere für alle Geometrie-Attribute. Eine Ausnahme bilden die Farb- und Schrift-Attribute. Diese werden von den Standardeinstellungen grundsätzlich geerbt, damit eine einheitliche Darstellung gewährleistet ist.

Eine anwendungsspezifische Anpassung der Dialogbausteine kann unter Berücksichtigung der in Kap. 8.2 gegebenen Hinweise erfolgen. Alle Dialogbausteine wurden für das Fenstersystem IBM Presentation Manager unter dem Betriebssystem OS/2 implementiert. Die Gestaltungsrichtlinien, die hierfür berücksichtigt wurden, sind den entsprechenden Marktstandards (Styleguides) und der relevanten software-ergonomischen Literatur entnommen worden.

9 Entwurf und Aufbau einer Dialogbaustein-Bibliothek

Um dem Anwendungsentwickler die Möglichkeit zu geben, aus allen Dialogbausteinen den für seine Anwendung geeignetsten auszuwählen, müssen die Dialogbausteine in einer Bibliothek zusammengefaßt werden. Nur so ist eine Wiederverwendung mit gleichzeitiger Änderungsmöglichkeit und Erweiterbarkeit gewährleistet.

9.1 Anforderungen an eine Dialogbaustein-Bibliothek

Von den Anforderungen an eine Dialogbaustein-Bibliothek sind die verschiedenen Zugriffsmöglichkeiten auf die Bausteine die wichtigsten. Sie können wie folgt gegliedert werden (siehe auch Kap. 7.1):

- Direkte Auswahl aus einer Liste,
- Suche nach Eigenschaften,
- Suche nach ähnlichen Bausteinen,
- Suche nach Schlüsselwörtern.

Die ausgewählten Bausteine müssen zur Erstellung einer Anwendung in einer Form dargestellt werden, die von entsprechenden Werkzeugen bearbeitet werden können. Dies bedeutet, daß die Modellvorlagen der Dialogbausteine in eine Datei geschrieben werden müssen, die mit dem Dialog-Editor bearbeitet werden kann.

Eine weitere Anforderung ist die Erweiterbarkeit einer Bibliothek. Es sollte berücksichtigt werden, daß außer den Dialogbausteinen beliebige Software-Bausteine abgelegt werden können. Die Eigenschaften der Bausteine sollen sowohl einzeln als auch vergleichend präsentiert werden können. Außerdem soll eine Vorschau der Bausteine angeboten werden.

9.2 Entwurf einer Dialogbaustein-Bibliothek

Entsprechend den oben genannten Anforderungen wurden für die Software-Bibliothek insgesamt sechs Dialoge entworfen, die im folgenden beschrieben werden.

9.2.1 Hauptfenster

Nach dem Starten der Software-Bibliothek erscheint das Hauptfenster, das die beiden Objekte *Katalog* und *Verwaltung* enthält. Der Katalog beinhaltet die Informationen über die Dialogbausteine und ermöglicht deren Auswahl. Mit der Verwaltungskomponente werden neue Bausteine in die Bibliothek aufgenommen und klassifiziert. Die Trennung dieser Bereiche wurde vorgenommen, um dem Anwender des Katalogs nicht unbedingt die Änderung von Bausteinen zu ermöglichen. Sowohl Katalog als auch Verwaltung lassen sich durch einen Doppelklick oder durch die Funktion *Öffnen* im Menü *Bibliothek* öffnen.

Die Tab. 9.1 zeigt die Menüleiste des Hauptfensters. Abb. 9.1 zeigt das Hauptfenster der Software-Bibliothek

Menü	Eintrag	Bedeutung	Nächster Dialog
Bibliothek	Öffnen	Öffnet den Katalog oder die Verwaltung	Katalog oder Verwaltung
	Filtern ...	Filtern-Dialog für den Katalog	Filtern
	Beenden	Beendet die Software-Bibliothek	-
Fenster	Nebeneinander	Zeigt geöffnete Fenster nebeneinander an	-
	Überlappend	Zeigt geöffnete Fenster überlappend an	-
	<Fensterliste>	Liste aller geöffneten Fenster	-
Hilfe	Kontext	Kontextsensitive Hilfe zum aktiven Objekt	Hilfesystem
	Fenster	Kontextsensitive Hilfe zum Fenster	Hilfesystem
	Anwendung	Hilfe zur Software-Bibliothek	Hilfesystem
	Index	Hilfe-Index	Hilfesystem
	Suchen...	Suchen nach Stichwörtern	Hillfesystem
	Tastatur	Hilfe zur Tastatur	Hilfesystem
	Lernprogramm	Lernprogramm der Software-Bibliothek	Hilfesystem
	Hilfesystem	Hilfe zum Hilfesystem	Hilfesystem
	Information...	Informationen zur Software-Bibliothek	Hilfesystem

Tab. 9.1: Menüleiste des Hauptfensters

Abb. 9.1: Hauptfenster der Software-Bibliothek

9.2.2 Katalog-Fenster

Im Katalog-Fenster werden die Namen aller Bausteine der Software-Bibliothek in der Liste *Bausteine* gezeigt. In dieser Liste können beliebig viele Bausteine ausgewählt und durch den Pushbutton *Hinzufügen* in die Liste *Auswahl* übernommen werden. Die Auswahlliste enthält alle Bausteine, die der Entwickler für seine neue Anwendung ausgewählt hat. Durch Markieren und Drücken des Pushbuttons *Entfernen* können die Einträge wieder entfernt werden.

Durch Markieren eines Eintrages in der Bausteinliste wird zusätzlich eine Beschreibung des Bausteins sowie ein Vorschaubild angezeigt. Dies erleichtert die Entscheidung, ob es sich um den richtigen Baustein handelt. Reicht dies nicht aus, so kann der Benutzer entweder mit dem Menüeintrag *Öffnen* detailliertere Informationen zu einem Baustein anfordern oder mit dem Menüeintrag *Vergleichen* eine vergleichende Tabellendarstellung mehrerer Bausteine öffnen.

Tab. 9.2 zeigt die Menüleiste des Katalogfensters. Abb 9.2 zeigt das Katalogfenster der Software-Bibliothek.

Menü	**Eintrag**	**Bedeutung**	**Nächster Dialog**
Bausteine	Öffnen	Öffnet eine Detaildarstellung aller selektierten Bausteine	Details
	Filtern ...	Öffnet den Filtern-Dialog	Filtern
	Vergleichen	Öffnet vergleichende Darstellung aller selektierten Bausteine	Vergleichen
	Alle auswählen	Selektiert alle Bausteine in der Baustein-Liste	-
	Auswahl zurücknehmen	Deselektiert alle Bausteine in der Baustein-Liste	-
	Alle anzeigen	Zeigt alle verfügbaren Bausteine in der Baustein-Liste an	-
	IDM-Datei erzeugen	Erzeugt eine Datei für den Dialog-Manager-Editor, die alle Bausteine der Auswahl-Liste enthält	-
	Schließen	Schließt das Katalog-Fenster	-
Fenster		Standardmenü, siehe Hauptfenster	
Hilfe		Standardmenü, siehe Hauptfenster	

Tab. 9.2: Menüleiste des Katalogfensters

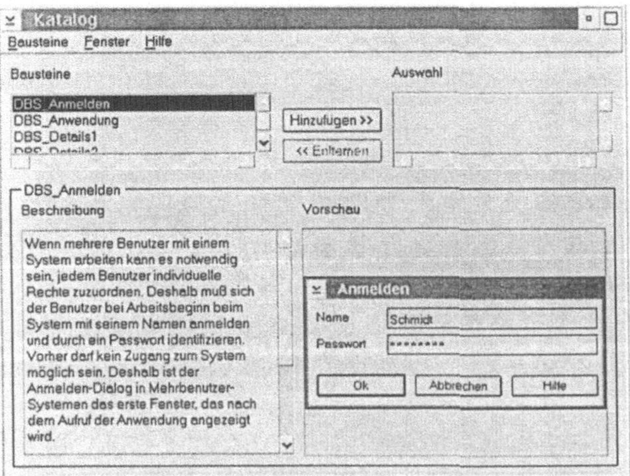

Abb. 9.2: Katalogfenster der Software-Bibliothek

Hat der Entwickler alle benötigten Bausteine für seine Anwendung ausgewählt, d. h. in die Auswahlliste aufgenommen, so kann er mit der Menüfunktion *IDM-Datei erzeugen* eine Dialogdatei für den ISA Dialog-Manager erzeugen. Eine Meldung gibt Auskunft darüber, ob die Datei erfolgreich erzeugt werden konnte oder ob ein Fehler aufgetreten ist.

9.2.3 Details-Fenster

Zur Anzeige von Detailinformationen eines oder mehrerer Bausteine dient das Details-Fenster, das in Form eines Notebooks (ähnlich eines Kartenstapels) realisiert wurde. Sind mehrere Bausteine ausgewählt worden, so kann mit den Pushbuttons „>>" bzw. „<<" zum nächsten oder vorigen Baustein (nächste Karte, vorige Karte) umgeschaltet werden. Der Text neben den Buttons zeigt an, um welchen Baustein es sich handelt und wieviele Bausteine betrachtet werden können. Das Notebook verwendet je eine Seite für jede Facettengruppe. Die Eintragungen können nur mit der Verwaltungskomponente verändert werden.

Die Notebookseite *Verweise* enthält zwei Listen mit ähnlichen und zugehörigen Bausteinen. Ein Sprung zur Detailinformation eines ähnlichen Bausteins ist durch Markieren und Drücken des Pushbuttons *Öffnen* von hier aus möglich. Die Tab. 9.3 zeigt die Menüleiste des Detailfensters. Abb. 9.3 zeigt die Vorschau eines Bausteins im Detailfenster.

Menü	**Eintrag**	**Bedeutung**	**Nächster Dialog**
Bausteine	Filtern ...	Öffnet den Filtern-Dialog	Filtern
	Voriger	Zeigt den vorigen Baustein an, falls mehrere selektiert waren	-
	Nächster	Zeigt den nächsten Baustein an, falls mehrere selektiert waren	-
	Schließen	Schließt das Details-Fenster	-
Ansicht	<Liste der acht Notebook-Seiten>	Zeigt die entsprechende Notebook-Seite an	-
Fenster		Standardmenü, siehe Hauptfenster	
Hilfe		Standardmenü, siehe Hauptfenster	

Tab. 9.3: Menüleiste des Details-Fensters

9.2.4 Ähnliche-Bausteine-Fenster

Das Fenster *Ähnliche Bausteine* gleicht dem Details-Fenster mit der Ausnahme, daß auf der Notebookseite *Verweise* keine Pushbuttons zum Öffnen und Hinzufügen ähnlicher Bausteine vorhanden sind. Dadurch wird vermieden, daß der Benutzer zum ursprünglichen Baustein zurückverzweigt und in einen Kreislauf gerät.

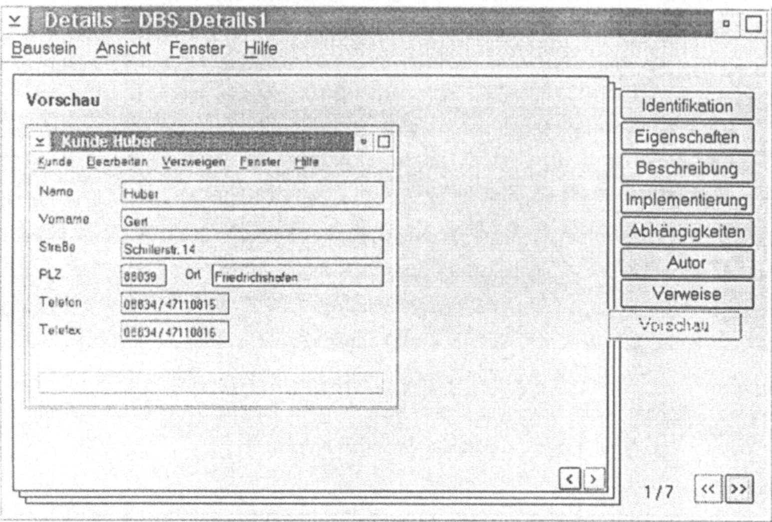

Abb. 9.3: Beispielseite *Vorschau* des Details-Fensters

9.2.5 Filtern-Fenster

Das Fenster *Filtern* kann vom Hauptfenster oder vom Katalog-Fenster aus geöffnet werden. Hier kann der Benutzer Bausteine mit bestimmten Eigenschaften suchen. Das Fenster enthält Auswahl- und Eingabefelder für alle Facetten der Klassifikation, nach denen sinnvoll gesucht werden kann. Felder, die leer sind, werden bei der Suche nicht berücksichtigt.

Das Ergebnis der Suche wird in der Baustein-Liste des Katalog-Fensters angezeigt. Die Notebook-Metapher wurde hier bewußt nicht verwendet, um ein Blättern in den Notebook-Seiten zu vermeiden und den Überblick durch Anzeige aller Facetten zu erleichtern. Die Tab. 9.4 zeigt die Bedeutung der Pushbuttons des Filtern-Fensters. Die Abb. 9.4 zeigt das Filtern-Fenster der Software-Bibliothek.

Pushbutton	**Bedeutung**	**Nächster Dialog**
Filtern	Startet die Suche und zeigt das Ergebnis in der Baustein-Liste des Katalog-Fensters an	-
Zurücksetzen	Löscht alle Eintragungen in den Auswahl- und Datenfeldern	-
Abbrechen	Schließt das Filtern-Fenster	-
Hilfe	Hilfe zum Filtern-Fenster	Hilfesystem

Tab. 9.4: Pushbuttons des Filtern-Fensters

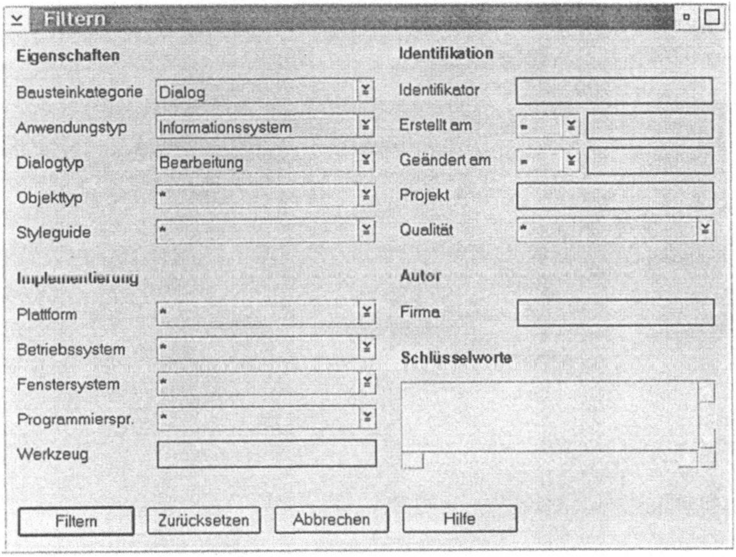

Abb. 9.4: Filtern-Fenster der Software-Bibliothek

9.2.6 Vergleichen-Fenster

Wenn in der Baustein-Liste des Katalog-Fensters mindestens zwei Bausteine markiert sind, so kann mit der Funktion Vergleichen das *Vergleichen*-Fenster aufgerufen werden. In diesem Fenster wird ein tabellarischer Vergleich der Klassifikation dargestellt. Dabei enthält die erste Spalte der Tabelle die Facetten der Klassifikation, die weiteren Spalten die entsprechenden Terme der Bausteine. Der Benutzer kann in der Tabelle eine oder mehrere Spalten markieren und durch Auswahl des Pushbuttons *Hinzufügen* in die Auswahlliste des Katalog-Fensters übernehmen. Die Tab. 9.5 zeigt die Bedeutung der Pushbuttons des Vergleichen-Fensters. Abb. 9.5 zeigt das Vergleichen-Fenster der Software-Bibliothek mit einem Tabellenausschnitt.

Pushbutton	**Bedeutung**	**Nächster Dialog**
Schließen	Schließt das Vergleichen-Fenster	-
Hinzufügen	Fügt die in der Tabelle markierten Bausteine zur Auswahl-Liste des Katalog-Fensters hinzu	-
Hilfe	Hilfe zum Vergleichen-Fenster	Hilfesystem

Tab. 9.5: Pushbuttons des Vergleichen-Fensters

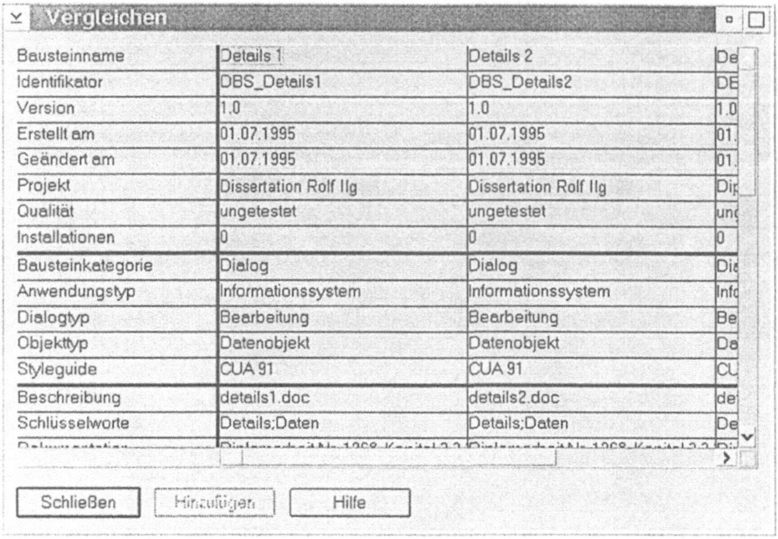

Vergleichen

Bausteinname	Details 1	Details 2	De
Identifikator	DBS_Details1	DBS_Details2	DE
Version	1.0	1.0	1.0
Erstellt am	01.07.1995	01.07.1995	01.
Geändert am	01.07.1995	01.07.1995	01.
Projekt	Dissertation Rolf Ilg	Dissertation Rolf Ilg	Dip
Qualität	ungetestet	ungetestet	un
Installationen	0	0	0
Bausteinkategorie	Dialog	Dialog	Di
Anwendungstyp	Informationssystem	Informationssystem	Inf
Dialogtyp	Bearbeitung	Bearbeitung	Be
Objekttyp	Datenobjekt	Datenobjekt	Da
Styleguide	CUA 91	CUA 91	CU
Beschreibung	details1.doc	details2.doc	de
Schlüsselworte	Details;Daten	Details;Daten	De

Schließen | Hinzufügen | Hilfe

Abb. 9.5: Vergleichen-Fenster der Software-Bibliothek

9.3 Aufbau der Dialogbaustein-Bibliothek

Die Software-Bibliothek wurde mit dem UIMS ISA Dialog-Manager implementiert. Der Dialog-Manager verwendet dabei eine Text-Datei (Dialog-Datei „dialog.dlg“) zur Beschreibung von Dialogen. Die Beschreibung besteht aus sechs Teilen: Dialogdefinition, Ressourcen, Objektvorlagen, Modellvorlagen, Objektdefinitionen und Regeln.

In der Dialogdefinition wird der Dialogbeschreibung ein Name zugeordnet. Ressourcen werden verwendet, um Detailinformationen über das Betriebssystem und das Fenstersystem einzugeben. Die Objektvorlagen bestimmen die Standardeigenschaften von Interaktionsobjekten. Für jedes Interaktionsobjekt muß genau eine Objektvorlage angegeben werden. Die Modellvorlagen dienen zur Definition von Interaktionsobjekten mit speziellen Eigenschaften. Sie werden von den Standard-Interaktionsobjekten des Dialog-Managers abgeleitet und erhalten einen eigenen Bezeichner. Die Anzahl der Modellvorlagen ist im Vergleich zu den Objektvorlagen unbegrenzt. Die Zusammensetzung komplexer Modellvorlagen aus einfachen Objekten ist möglich.

Mit den Objektdefinitionen werden die Instanzen der Interaktionsobjekte oder Vorlagen beschrieben, die auf dem Bildschirm sichtbar sind. Die Eigenschaften können entweder direkt angegeben oder von Vorlagen geerbt werden. Im Regelteil stehen die Anweisungen zur Ablaufsteuerung. Es kann hier z. B. für eine Menüauswahl die Aktion „Öffnen eines Fensters“ angegeben werden.

Die entwickelte Software-Bibliothek greift auf die Beschreibungen der Dialogdatei zurück und verwendet diese in insgesamt sechs Fenstern und ca. 140 Regeln zur Dialogablauf-Steuerung. Die Software-Bibliothek läßt sich erweiteren und ändern. Es könnten außer den Dialogbausteinen auch andere Software-Module dort abgelegt und aufgerufen werden. Die Abb. 9.6 zeigt die Module der Implementierung und ihre Abhängigkeiten.

Das Modul *softbib* enthält das Hauptprogramm. Es initialisiert den Dialog-Manager, lädt die Dialogbeschreibung und startet die Ereignis-Bearbeitung. Das Modul *idm* enthält die Funktionen, die vom Dialog-Manager aufgerufen werden (Application- bzw. Callback-Functions). Sie dienen zur Verarbeitung der Klassifikationsinformationen für Aufgaben, die nicht vom Dialog-Manager durchgeführt werden können.

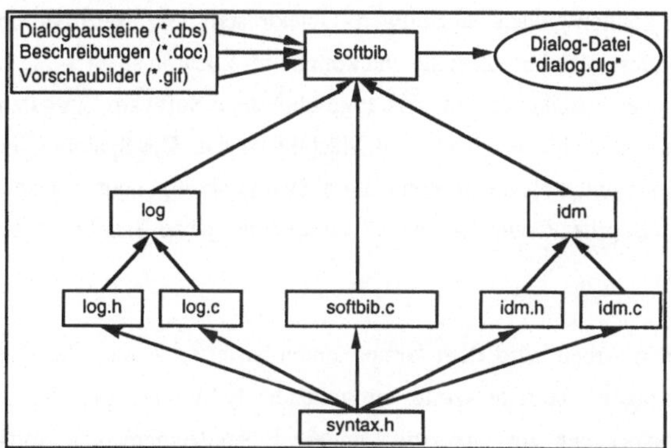

Abb. 9.6: Module der Implementierung der Dialogbaustein-Bibliothek

Das Modul *log* enthält Funktionen, um Informationen und Fehlermeldungen in eine Datei zu schreiben. Das ist notwendig, um Fehlermeldungen auch nach Beendigung des Programms noch untersuchen zu können. Parallel zur Ausgabe in die Datei werden die Fehlermeldungen auch in einer Dialogbox angezeigt.

Das Modul *syntax.h* ist zur Übersetzung aller Module notwendig. Die automatische Übersetzung der ganzen Anwendung wird durch das Übersetzungsprogramm *NMake2.0* von IBM (siehe Online Dokumentation IBM Toolkit 2.1 für OS/2) vorgenommen. Zum Verbinden der einzelnen Module dient das Werkzeug IBM *Link386 2.1* (siehe Online Dokumentation IBM Toolkit 2.1 für OS/2).

10 Zusammenfassung

Mit dem Einzug des Computers in alle Bereiche des Lebens wird der Ruf nach einfach zu bedienenden EDV-Systemen immer lauter. Die Software-Entwickler stehen vor der Aufgabe, immer schneller immer komplexere Systeme zu bauen. Bei einem Vergleich mit anderen Industriebranchen stellt man fest, daß es z. B. der „reifen" Automobilbranche gelungen ist, die Komplexität und Dynamik ihrer Produkte zu meistern. Die konventionelle Produktion war hier geprägt von einer starken Abhängigkeit der Produktionszeit, der Qualität und der Kosten. Durch radikale Umdenkprozesse vor allem in der Konstruktion und Fertigung konnte das magische Dreieck aus Kosten, Qualität und Zeit aufgebrochen werden. In der Softwarebranche zeichnet sich eine ähnliche Entwicklung ab. Die Erstellung komplexer Anwendungssysteme kann nicht mehr nach dem monolithischen Prinzip erfolgen. Vor allem vor dem Hintergrund wachsender Kundenansprüche wird mit einem komponenten-basierten Ansatz gearbeitet werden müssen.

Die Komponenten können gekapselte Software-Objekte sein oder Spezifikationen zu ihrer Erstellung. Sie leisten fest definierte Dienste und können im Zusammenspiel mit anderen Komponenten ganze Systeme entstehen lassen. Als abgeschlossene Software-Einheiten stellen sie einzelne Bausteine unterschiedlicher Größe und Mächtigkeit dar. Die Spanne kann von einfachen grafischen Bedienelementen bis hin zu komplexen Businesskomponenten gezogen werden. Die Diskussion um den Begriff „Componentware" spiegelt die ganze Bandbreite der Möglichkeiten wider.

Mit der vorliegenden Arbeit wird dem komponenten-basierten Ansatz der Software-Entwicklung Rechnung getragen. Die Umsetzung vorhandender Richtlinien und Normen in rechnergestützte Gestaltungsvorgaben zur Unterstützung einer benutzergerechten Software-Gestaltung stellt eine konsequente Weiterentwicklung der papiergebundenen Versionen dar und bietet dem Entwickler ein effizient nutzbares Hilfsmittel an. Der weitere Ausbau des rechnergestützten Gestaltungsvorgaben in Richtung eines Werkzeugs zur Erstellung und Speicherung von Dialogbausteinen stellt dem Entwickler darüber hinaus ein geeignetes Instrument zur schnellen und konsistenten Benutzungsschnittstellengestaltung mit der Möglichkeit der Wiederverwendung bereit. Beide Komponenten unterstützen dabei besonders die Bemühungen der Software-Ergonomie, eine benutzergerechte und bedienbare Benutzungsoberfläche zur Verfügung zu stellen.

In einem ersten Schritt wurden die Voraussetzungen für die Erstellung rechnergestützter Gestaltungsvorgaben dokumentiert. Die Gestaltungsvorgaben wurden mit Hilfe des interaktiven Dokumentationssystems IDS erstellt und in mehreren Pilotinstallationen erfolgreich eingesetzt.

Die flexible Handhabbarkeit und die Möglichkeit der Erweiterung der Gestaltungsvorgaben haben zu einer breiten Akzeptanz des Werkzeugs geführt. Die rechnergestützten Gestaltungsvorgaben können damit Bestandteil eines übergeordneten Entwickler-Informationssystems werden.

In einem zweiten Schritt wurde der Ansatz einer rechnerbasierten Unterstützung des Entwicklers durch Dialogbausteine verfolgt. Dialogbausteine sind dabei inkrementelle Einheiten einer Benutzungsschnittstelle, die nach software-ergonomischen Grundsätzen gestaltet sind und in einer Software-Baustein-Bibliothek abgespeichert und abgerufen werden können. Für Informationssysteme wurden insgesamt 21 Standard-Dialogbausteine identifiziert und mit verschiedenen Ausprägungen 26 Dialogbausteine implementiert und verfügbar gemacht. Der Zugriff erfolgt über eine Klassifikation, die es ermöglicht, die identifizierten Dialogbausteine zu verfeinern, zu ändern und zu erweitern. Die Implementierung wurde mit einem UIMS (User Interface Management System) durchgeführt, das damit in Zukunft um eine Dialogbausteinbibliothek erweitert werden kann.

Die hier aufgezeigten Erweiterungsmöglichkeiten von Software-Werkzeugen und Gestaltungshilfen für benutzergerechte Benutzungsschnittstellen lassen eine Reihe von offenen Fragen aufkommen, die wie folgt zusammengefaßt werden können:

- Werden in Zukunft von jedem Hersteller Online-Gestaltungsvorgaben für die Entwicklung von Benutzungsschnittstellen angeboten?
- Gibt es in Zukunft Unterstützungswerkzeuge mit integrierten Software-Baustein-Bibliotheken für verschiedene Anwendungsbereiche?
- Wie unabhängig (plattformunabhängig) sind die Vereinheitlichungsbestrebungen für die verschiedenen Benutzungsschnittstellen der einzelnen Hersteller?
- Werden wiederverwendbare Software-Bausteine zu einer Vereinheitlichung der verschiedenen am Markt existierenden Benutzungsoberflächen führen?
- Können die kleineren Softwarehäuser ihre Marktposition bei den Software-Werkzeugen durch Software-Bausteine und deren Speicherung und Abrufbarkeit in Softwarebibliotheken ausbauen?
- Muß es in Zukunft neben UIMS auch spezielle Baustein-Manager geben?
- Von wem werden die Software-Bausteine für benutzergerecht und software-ergonomisch abgesichert erklärt?
- Gibt es in Zukunft Prüfstellen für benutzergerechte Software?

Auf diese Fragen müssen in Zukunft zum Teil die Forschung und die verantwortlichen Standardisierungsgremien antworten, zum Teil aber können auch die Software-Hersteller die Voraussetzungen schaffen, um die wachsenden Ansprüche der Benutzer und Entwickler zu befriedigen.

Die in dieser Arbeit vorgestellten Standard-Dialogbausteine sind ausschließlich zur Erstellung grafischer Benutzungsoberflächen für den Großteil kommerzieller Informationssysteme entwickelt worden. Nicht unterstützt wird die Entwicklung von Grafiksystemen, wie CAD-Anwendungen und Grafik-Editoren, die auf andere Interaktionsobjekte zurückgreifen als die, die in den momentan vorhandenen Werkzeugen zur Verfügung stehen und in den Richtliniensammlungen beschrieben werden. Es ist aber möglich, die hier beschriebenen Dialogbausteine um anwendungsspezifische Bausteine zu erweitern und verfügbar zu machen. Weitere Dialogbausteine kommen durch die Verwendung multimedialer Benutzungsoberflächen hinzu. Hier sind besonders die erhöhten Anforderungen an die Gestaltung nicht nur der einzelnen Komponenten, sondern auch deren Kombination zu beachten.

11 Literatur

Apple (1987): Human Interface Guidelines. The Apple Desktop Interface, Apple Computer Inc., 20525 Mariani Avenue, Cupertino, CA 95014, 1987.

Apple (1992): Macintosh Human Interface Guidelines. Reading, New York u. a.: Addison-Wesley Publishing Company, 1992.

Apple (1997): Mac OS 8 Human Interface Guidelines. Apple Computer Inc.; 1997; Internet: http://devworld.apple.com/dev/techsupport/insidemac/HIGuidelines/HIGuidelines-2.html

Arbeitsschutzgesetz (1996): Gesetz zur Umsetzung der EG-Richtlinie Arbeitsschutz und weiterer Arbeitsschutzrichtlinien vom 07.08.96. §19: Rechtsakte der Europäischen Gemeinschaften und zwischenstaatliche Vereinbarungen. Bundesgesetzblatt BGBl I S. 1246, 1996.

Balzert, H. (Hrsg.) (1983): Software-Ergonomie. Tagung I/1983 des German Chapter of the ACM am 28.-29.04.1983 in Nürnberg. Stuttgart: Teubner, 1983.

Balzert, H.; Hoppe, H. U.; Oppermann, R.; Peschke, H.; Rohr, G.; Streitz, N. A. (1988): Einführung in die Software-Ergonomie. Mensch-Computer-Kommunikation: Grundwissen 1. Berlin, New York: Walter de Gruyter, 1988.

Bass, L.; Hardy, E.; Little, R.; Seacord, R. (1989): Incremental Development of User Interfaces. Proceedings of the Engineering for Human-Computer Interaction Conference. California: Nappa Valley, 1989.

Berk, E.; Devlin, J. (Eds.) (1991): Hypertext, hypermedia handbook. New York: Intertext Publications, 1991.

BildscharbV (1996): Bildschirmarbeitsverordnung - Verordnung über Sicherheit und Gesundheitsschutz bei der Arbeit an Bildschirmgeräten vom 04.12.96. Bundesgesetzblatt BGBl I S. 1841, 1996.

Brown, C. M. (1989): Human-Computer Interface Design Guidelines. 2. Auflage; Norwood, New Jersey: Ablex Publishing Corporation, 1989.

Bullinger, H.-J. (Hrsg.) (1985): Software-Ergonomie ´85 - Mensch-Computer-Interaktion. Tagung III/1985 des German Chapter of the ACM am 24.-25.09.1985 in Stuttgart. Stuttgart: Teubner, 1985.

Bullinger, H.-J.; Fähnrich, K.-P.; Ziegler, J. (1987): Software-Ergonomie: Stand und Entwicklungstendenzen. In: Schönpflug, W.; Wittstock, M. (Hrsg.): Software-Ergonomie ´87 -

Nützen Informationssysteme dem Benutzer? Tagung II/1987 des German Chapter of the ACM vom 27.-29.04.1987 in Berlin. Stuttgart: Teubner, 1987.

Bullinger, H.-J. (Hrsg.) (1989): Software-Werkzeuge für interaktive Anwendungen. Tagungsband zum IAO-Forum „Software-Werkzeuge für interaktive Anwendungen“ am 26.10.89, Stuttgart: Fraunhofer-Institut für Arbeitswirtschaft und Organisation, 1989.

Bullinger, H.-J.; Fähnrich, K.-P.; Ilg, R. (1993): Benutzungsoberflächen und Entwicklungswerkzeuge. In: Scheer, A.-W. (Hrsg.): Handbuch Informationsmanagement. Wiesbaden: Gabler, 1993.

Bullinger, H.-J.; Ilg, R.; Görner, C. (1990): Software-Ergonomie - Konsequenter Einsatz zahlt sich aus. In: Technische Rundschau 35/90, S. 60 - 65.

Bullinger, H.-J. (1994): Ergonomie - Produkt- und Arbeitsgestaltung. Unter Mitarbeit von R. Ilg und M. Schmauder. Stuttgart: Teubner, 1994.

Bullinger, H.-J.; Fähnrich, K.-P.; Groh, G. (1996a): User Interface Management als strategische Aufgabe. In: Fähnrich, K.-P.; Janssen, C.; Groh, G. (Hrsg.): Werkzeuge zur Entwicklung graphischer Benutzungsschnittstellen: Grundlagen und Beispiele (Handbuch der Informatik; 5.7). München, Wien: Oldenbourg, S. 15 - 26, 1996.

Bullinger, H.-J.; Fähnrich, K.-P.; Groh, G.; Ilg, R. (1996b): Online Styleguide für die Software-Entwicklung. In: Computerworld (1996) 11, S. 7 - 12.

Bullinger, H.-J.; Fähnrich, K.-P.; Weisbecker, A. (1996c): Genius: Generating Software-Ergonomic User Interfaces. In: International Journal of Human-Computer Interaction 8 (1996) 2, S. 115 - 144.

Bullinger, H.-J.; Fähnrich, K.-P.; Weisbecker, A. (1996d): GENIUS: a generator for graphical user interfaces. In: Storr, A.; Jarvis, D. (Eds.): Software Engineering for Manufacturing Systems: Methods and CASE Tools; IFIP TC5 International Conference on Software Engineering for Manufacturing Systems, 28-29 March 1996. London u. a.: Chapman & Hall, S. 181 - 196, 1996.

Burmester, M. (1996): Tools for Conformance Testing and Software Evaluation. In: Özok, A. F.; Salvendy, G. (Eds.): Advances in Applied Ergonomics. Proceedings of the 1st International Conference on Applied Ergonomics. Istanbul: USA Publishing, S. 306 - 311, 1996.

Burmester, M.; Görner, C.; Hacker, W.; Kärcher, M.; Kurtz, P.; Lieser, U.; Risch, W.; Wieland-Eckelmann, R.; Wilde, H. (1997): Das SANUS-Handbuch - Bildschirmarbeit EU-konform; Information, Analyse, Gestaltung. Schriftenreihe der Bundesanstalt für Arbeitsschutz und Arbeitsmedizin, Forschung FB 760, Bremerhaven: Wirtschaftsverlag NW, Verlag für neue Wissenschaft GmbH, 1997.

Cakir, A. (1990): Integrierte Bürokommunikation: Ergonomische Anforderungen. In: bit 6/90, S. 76 - 81.

Cakir, A. (1992): Harte Arbeit für softe Software. EG-Richtlinien für die Mensch-Maschine-Schnittstelle. In: Personal Computer 3/92, S. 110 - 112.

Chen, P. (1976): The Entity-Relationship Model - Towards a Unified View of Data. ACM Transactions on Database Systems, Vol. 1, No. 1, 1976, S. 9-36.

Coad, P.; Yourdon, E. (1991): Object-Oriented Analysis, Second Edition. Engelwood Cliffs, New Jersey: Prentice-Hall, 1991.

Convent, B.; Wernecke, W. (1994): Bausteinverwaltung und Suchunterstützung - Basis für die Software-Wiederverwendung. In: HMD 180/1994, S. 59-70.

DeMarco, T. (1978): Structured Analysis and System Specification. New York: Yourdon Press, 1978.

DIN 66234 (1988): Bildschirmarbeitsplätze. Berlin: Beuth-Verlag , 1988.

DIN 66234, Teil 8 (1988): Bildschirmarbeitsplätze; Grundsätze ergonomischer Dialoggestaltung. Berlin: Beuth-Verlag, 1988.

Dzida, W.; Herda, S.; Itzfeldt, W. D. (1978): User-Perceived Quality of Interactive Systems. In: IEEE Transactions on Software Engineering, Vol. SE-4, No. 4, 7/78.

Eberleh, E. (1994): Industrielle Gestaltungsrichtlinien für graphische Benutzungsoberflächen. In: Eberleh, E.; Oberquelle, H.; Oppermann, R. (Hrsg.) (1994): Einführung in die Software-Ergonomie - Gestaltung graphisch-interaktiver Systeme: Prinzipien, Werkzeuge, Lösungen. Mensch-Computer-Kommunikation: Grundwissen 1/2. 2. völlig neu bearbeitete Auflage. Berlin, New York: de Gruyter, S. 145 - 196, 1994.

Eberleh, E.; Oberquelle, H.; Oppermann, R. (Hrsg.) (1994): Einführung in die Software-Ergonomie - Gestaltung graphisch-interaktiver Systeme: Prinzipien, Werkzeuge, Lösungen. Mensch-Computer-Kommunikation: Grundwissen 1/2. 2. völlig neu bearbeitete Auflage. Berlin, New York: de Gruyter, 1994.

EG-Richtlinie 90/270/EWG (1990): Richtlinie des Rates vom 29. Mai 1990 über die Mindestvorschriften bezüglich der Sicherheit und des Gesundheitsschutzes bei der Arbeit an Bildschirmgeräten (90/270/EWG), Amtsblatt der Europäischen Gemeinschaften vom 21.06.90.

Fähnrich, K.-P.; Ilg, R.; Görner, C. (1993): Firmen-Styleguides: Quo vadis? In: Computerworld Schweiz, (1993) 30, S. 5-7.

Fähnrich, K.-P.; Ilg, R.; Görner, C. (1993): Styleguides zur Systementwicklung: Reicht das aus? In: Office Management, 41 (1993) 10, S. 89-90.

Fähnrich, K.-P.; Groh, G.; Janssen, C. (Hrsg.) (1994): Entwicklung grafischer Benutzungsschnittstellen. München, Wien: Oldenbourg, 1994.

Fähnrich, K.-P.; Groh, G.; Ilg, R.; Raether, C. (1996a): Schnittstellenentwicklung im Baukastenprinzip. In: Computerworld (1996) 15, S. 6 - 10.

Fähnrich, K.-P.; Janssen, C.; Groh, G. (Hrsg.) (1996b): Werkzeuge zur Entwicklung graphischer Benutzungsschnittstellen: Grundlagen und Beispiele (Handbuch der Informatik; 5.7). München, Wien: Oldenbourg, 1996.

Fraunhofer IAO (1993): Basic Dialogue Building Blocks for Graphical User Interfaces of Transaction Processing Applications. Projektbericht des Fraunhofer-Instituts für Arbeitswirtschaft und Organisation, 1993.

Galitz, W. O. (1993): User interface screen design: workstations, PCs, mainframes. Boston: QED Publ. Group, 1993.

Görner, C.; Ilg, R. (1988): Software-Ergonomie - Ein junger, interdisziplinärer Forschungszweig. In: Humane Produktion - Humane Arbeitsplätze, 7/88, S. 32 - 35.

Görner, C.; Bullinger, H.-J. (1995): Leitfaden Bildschirmarbeit - Sicherheit und Gesundheitsschutz. Wiesbaden: Universum Verlagsanstalt, 1995.

Görner, C.; Burmester, M.; Kaja, M. (1997): Dialogbausteine - Ein Konzept zur Verbesserung der Konformität von Benutzungsschnittstellen mit internationalen Standards. In: Liskowsky, R.; Velichkovsky, B. M.; Wünschmann, W. (Hrsg.): Software-Ergonomie '97: Usability Engineering: Integration von Mensch-Computer-Interaktion und Software-Entwicklung. Gemeinsame Fachtagung des German Chapter of the ACM, der Gesellschaft für Informatik (GI) und der Technischen Universität Dresden vom 3.-6. März 1997. Stuttgart: Teubner, S. 157 - 165, 1997.

Gould, J. D. (1988): How to Design Usable Systems. In: Helander, M. (Ed.): Handbook of Human-Computer Interaction. Amsterdam: North-Holland, S. 757-789; 1988.

Green, M. (1985): Report on Dialogue Specification Tools. In: Pfaff, G. (Hrsg.): User Interface Management Systems. Berlin: Springer, S. 9-20, 1985.

Greutmann, T. (1993): Datenmodellierung und aufgabengerechte Dialoge: ein Synchronisationsproblem. In: Rödiger, K.-H. (Hrsg.): Software-Ergonomie '93. Stuttgart: Teubner, S. 99-109, 1993.

Hacker, W. (1987): Software-Gestaltung als Arbeitsgestaltung. In: Fähnrich, K.-P. (Hrsg.): Software-Ergonomie. State-of-the-Art 5. München: Oldenbourg, S. 29 - 42, 1987.

Herczeg, M. (1994): Software-Ergonomie: Grundlagen der Mensch-Computer-Kommunikation. Bonn, Paris, Reading/Mass. u. a.: Addison-Wesley, 1994.

Hoffmann, T.; Klose, H.-G.; Martin, H. (1989): Handbuch zur software-ergonomischen Gestaltung von Bildschirmmasken, VDI-Fortschrittsberichte, Reihe 10, Nr. 103, Düsseldorf: VDI-Verlag,1989.

Hooper, J. W.; Chester, R. O. (1991): Software Reuse: Guidelines and Methods. New York: Plenum Press, 1991.

IBM (1987): Systems Application Architecture Common User Access, Panel Design and User Interaction; IBM Corp., Nr. SC26-4351, 1987.

IBM (1989a): Systems Application Architecture Common User Access, Basic Interface Design Guide (BIDG); IBM Corp., Nr. SC26-4583, 1989.

IBM (1989b): Systems Application Architecture Common User Access, Advanced Interface Design Guide (AIDG); IBM Corp., Nr. SC26-4582, 1989.

IBM (1991a): Systems Application Architecture Common User Access, Guide to User Interface Design; IBM Corp., Nr. SC34-4289, 1991.

IBM (1991b): Systems Application Architecture Common User Access, Advanced Interface Design Reference; IBM Corp., Nr. SC34-4290, 1991.

IBM (1992a): Object-Oriented Interface Design. Common User Access, Interface Guidelines. Carmel: Que Corp., 1992.

IBM (1992b): Common User Access - Guide to multimedia user interface design. Armonk: IBM, 1992.

IBM (1997): Human Computer Interaction Guidelines. IBM Corp., 1997. Internet: http://www.ibm.com/IBM/HCI/guidelines/guidelines.html

Ilg, R. (1990a): Umsetzung des OSF/Motif-Styleguide in Anwendungen. In: ONLINE '90, C. Raether (Hrsg.) Kolloquium E: Anwendungsentwicklung unter OSF/Motif; Erfahrungen Tools, Trends, 1990.

Ilg, R. (1990b): Oberflächengestaltung mit OSF/Motif. In: Warnecke, H. J.; Bullinger, H.-J. (Hrsg.): Software-Ergonomie in der Praxis, IAO-Forum, IPA-IAO Forschung und Praxis, Band T19. Heidelberg: Springer, 1990.

Ilg, R. (1993a): Styleguides. In: Ziegler, J.; Ilg, R. (Hrsg.): Benutzergerechte Software-Gestaltung, Standards, Methoden und Werkzeuge. München, Wien: Oldenbourg, 1993.

Ilg, R. (1993b): Informationsgestaltung. In: Ziegler, J.; Ilg, R. (Hrsg.): Benutzergerechte Software-Gestaltung, Standards, Methoden und Werkzeuge. München, Wien: Oldenbourg, 1993.

Ilg, R.; Görner, C. (1990): Bedienungskomfort und äußeres Erscheinungsbild der Rechnerprogramme entscheiden über den Markterfolg. In: Frankfurter Allgemeine Zeitung, Blick in die Wirtschaft, 21.09.1990.

Ilg, R.; Görner, C. (1993): Systementwicklung mit Styleguides. Ergonomie & Informatik, Nr. 18, März 1993, Mitteilungen des Fachausschusses 2.3 „Ergonomie in der Informatik", S. 3 - 6, 1993.

Ilg, R.; Ziegler, J. (1987): Interaktionstechniken. In: Fähnrich, K.-P. (Hrsg.): Software-Ergonomie, State of the Art 5. München, Wien: Oldenbourg, 1987.

ISA (1997): ISA Dialog Manager. ISA Informationssysteme GmbH, Stuttgart, 1995 - 1997. Internet: http://www.isa.de/de/idm/index.html

ISO 9241 (1993): Ergonomic requirements for office work with visual display terminals (VDTs), part 1 - 17, draft, 1993.

ISO 9241 (1994): Ergonomic requirements for office work with visual display terminals (VDTs). Part 10: Dialogue Principles, draft, 1994.

Kern, P. (Hrsg.) (1997): Die EU-Bildschirmrichtlinie in der Praxis; Ergebnisse aus dem SANUS-Projekt. Tagungsband des 2. SANUS-Kongresses vom 23.-24.10.97 in Bad Honnef. Stuttgart: IRB-Verlag, 1997.

Kuhlen, R.; Rittberger, M. (1995): Hypertext - Information-Retrieval - Multimedia: Synergieeffekte elektronischer Informationssysteme. Proceedings HIM ´95. Konstanz: UVK, Univ.-Verlag, 1995.

Lauter, B. (1987): Software-Ergonomie in der Praxis. München, Wien: Oldenbourg, 1987.

Lehner, F. (1994): Software-Dokumentation und Messung der Dokumentationsqualität. München: Hanser, 1994.

Marcus, A.; Smilonich, N.; Thompson, L. (1995): The Cross-GUI Handbook - For Multiplatform User Interface Design. Bonn, Paris, Reading/Mass. u.a.: Addison-Wesley, 1995.

Martin, A.; Eastman, D. (1996): The user interface design book for the applications programmer. Chichester: Wiley, 1996.

Mauri, G. A. (1991): OSF/Motif und OPEN LOOK: Eine Bewertung der herstellerübergreifenden Standards für graphische Oberflächen. HMD - Theorie und Praxis der Wirtschaftsinformatik. Benutzerschnittstelle, Heft 160, 7/91, 28. Jahrgang.

Mayhew, D. J. (1992): Principles and Guidelines in Software User Interface Design. Englewood Cliffs, NJ: Prentice Hall, 1992.

Meier, J.; Röpert, A. (1994): Systematische Software-Wiederverwendung - Konzepte und Verfahren bei Siemens Nixdorf Informationssysteme AG. In: HMD 180/1994, S. 46-58.

Meyerhoff, D. B. (1994): Hypertext und tutorielle Lernumgebungen:ein Ansatz zur Integration. München, Wien: Oldenbourg, 1994.

Microsoft (1992): The Windows Interface, An Application Design Guide. Redmond, Washington: Microsoft Press, 98052-6399, 1992.

Microsoft (1995a): Die Windows-Oberfläche: Leitfaden zur Softwaregestaltung. Unterschleißheim: Microsoft Press Deutschland, 1995.

Microsoft (1995b): The Windows Interface Guidelines for Software Design. Redmond, Washington: Microsoft Press, 1995.

Moran, T. P. (1981): The command language grammar: a representation for the user interface of interactive computer systems. In: International Journal of Man-Machine Studies, 15, S. 3 - 50, 1981.

Mosier, J. N.; Smith, S. L. (1985): Application of Guidelines for Designing User Interface Software. Proceedings of the Human Factors Society, 29th Annual Meeting, 1985.

Myers, B. A. (1989): User-Interface Tools: Introduction and Survey. In: IEEE Software, January 1989, S. 15-23.

Neumann, H. A. (1997): Objektorientierte Softwareentwicklung mit Unified Method Language. Berlin: Hanser, 1997.

Nielsen, J. (1996): Multimedia, Hypertext und Internet: Grundlagen und Praxis des elektronischen Publizierens. Übers. und bearb. von K. Lagrange und M. Linster. Braunschweig: Vieweg, 1996.

Oestereich, B. (1997): Objektorientrierte Softwareentwicklung: Analyse und Design mit der Unified Method Language. 2. aktualisierte Auflage. München, Wien: Oldenbourg, 1997.

Oppermann, R.; Murchner, B.; Paetau, M.; Pieper, M.; Simm, H.; Stellmacher, I. (1988): Evaluation von Dialogsystemen - Der software-ergonomische Leitfaden EVADIS. Mensch Computer Kommunikation 5. Berlin, New York: Walter de Gruyter, 1988.

OSF/Motif (1990): OSF/Motif Style Guide Revision 1.1 der Open Software Foundation Inc., Eleven Cambridge Center; Cambridge, MA 02142; USA, 1990.

OSF/Motif (1993): OSF/Motif Style Guide Revision 1.2 der Open Software Foundation Inc., Englewood Cliffs, New Jersey: Prentice Hall, 1993.

OSF/Motif (1994): OSF/Motif Style Guide Revision 2.0 der Open Software Foundation Inc., Eleven Cambridge Center; Cambridge, MA 02142; USA, 1994.

Peschke, H. (1990): Style-Guides und Schnittstellenwerkzeuge - Fortschritt oder Bremse. In: GI '90, Tagungsband der Jahrestagung der Gesellschaft für Informatik, Stuttgart, 1990.

Prieto-Diaz, R.; Freeman, P. (1987): Classifying Software for Reusability. In: IEEE Software 4 (1), S. 6-16, 1987.

Rauterberg, M. (1995): Ein Konzept zur Quantifizierung software-ergonomischer Richtlinien. Dissertationsschrift, Zürich: Universität, 1995.

Redmond-Pyle, D.; Moore, A. (1995): Graphical user interface design and evaluation - a practical process. London: Prentice Hall, 1995.

Reiterer, H. (1994): User interface evaluation and design: research results of the projects evaluation of dialogue systems (EVADIS) and user interface design assistance (IDA). Berichte der Gesellschaft für Mathematik und Datenverarbeitung (GMD). Habilitationsschrift. München, Wien: Oldenbourg, 1994.

Rumbaugh, J.; Blaha, M.; Premerlani, W.; Eddy, F.; Lorensen, W. (1991): Object-Oriented Modeling and Design. Engelwood Cliffs, New Jersey: Prentice-Hall, 1991.

Shakel, B. (1986): Ergonomics in design for usability. In: Harrison, M. D.; Monk, A. F.: People & Computers: Designing for usability. Proceedings of the second conference of the BCS HCI specialist group. Cambridge: University Press, 1986.

SNI (1990): Styleguide, Richtlinien zur Gestaltung von Benutzeroberflächen, Benutzerhandbuch und Checkliste, Ausgabe Oktober 1990, V 1.0., Siemens Nixdorf Informationssysteme AG, München, Bestell-Nr. U6542-J-Z97-1 und U6615-J-Z97-1, 1990.

SNI (1992): Alpha-Styleguide, Richtlinien zur Gestaltung von zeichenorientierten Benutzeroberflächen, Benutzerhandbuch und Checkliste, Ausgabe Februar 1992, V1.0, Siemens Nixdorf Informationssysteme AG, München, Bestell-Nr. U8556-J-Z147-1 und U8557-J-Z147-1, 1992.

SNI (1993): Grafik-Styleguide V2.0, Richtlinien zur Gestaltung grafischer Benutzeroberflächen, Benutzerhandbuch, Ausgabe September 1993, Siemens Nixdorf Informationssysteme AG, München, Bestell-Nr. U6542-J-Z117-2, 1993.

Smith, S. L.; Mosier, J. N. (1986): Guidelines for Designing User Interface Software. Bedford, Massachusetts: Mitre Corp., 1986.

Snyder, K. M. (1991): A Guide to Software Usability. White Plains, New York: IBM Corp., 1991.

Stary, C. (1996): Interaktive Systeme: Software-Entwicklung und Software-Ergonomie. 2. verbesserte und erweiterte Auflage. Braunschweig, Wiesbaden: Vieweg, 1996.

SUN (1990): Open-Look; Graphical User Interface Application Style Guidelines; SUN Microsystems, Inc.; Reading, Mass.: Addison-Wesley Publishing Company, Inc., 1990.

Sutcliffe, A. G. (1988): Human computer interface design. Basingstoke: Macmillan, 1988.

Tetzlaff, L.; Schwarz, D. R. (1991): The Use of Guidelines in Interface Design. In: Proceedings of Human Factors in Computing Systems, CHI '91, April 1991, New York: ACM, S. 329 - 333, 1991.

Urbanek, W. (1991): Software-Ergonomie und benutzerangemessene Auswahl von Werkzeugen bei der Dialoggestaltung. Dissertationsschrift. Berlin, New York: Walter de Gruyter, 1991.

VDI-Richtlinie 5005 (1991): Software-Ergonomie in der Bürokommunikation. Berlin: Beuth-Verlag, 1991.

Wandmacher, J. (1993): Software-Ergonomie. Berlin, New York: Walter de Gruyter, 1993.

Weisbecker, A. (1995): Ein Verfahren zur automatischen Generierung von software-ergonomisch gestalteten Benutzungsoberflächen. IPA-IAO Forschung und Praxis, Nr. 221; Dissertationsschrift. Berlin, Heidelberg u. a.: Springer, 1995.

Zeidler, A.; Zellner, R. (1992): Software-Ergonomie - Techniken der Dialoggestaltung. München, Wien: Oldenbourg, 1992.

Zeidler, A.; Zellner, R. (1994): Software-Ergonomie - Techniken der Dialoggestaltung. 2. verb. Auflage. München, Wien: Oldenbourg, 1994.

Zetie, C. (1995): Practical user interface design: making GUIs work. London: McGraw-Hill, 1995.

Ziegler, J. (1987): Benutzbarkeit als zentrales Konzept. In: VDI-Berichte Nr. 663, S. 197 - 215, 1987.

Ziegler, J. (1988): Software-Ergonomie in der Bürokommunikation. In: VDI-Berichte Nr. 716, S. 141 - 159, 1988.

Ziegler, J.; Ilg, R. (Hrsg.) (1993): Benutzergerechte Software-Gestaltung, Standards, Methoden und Werkzeuge. München, Wien: Oldenbourg, 1993.

Ziegler, J.; Burmester, M. (1995): Structured Human Interface Validation Technique - SHIVA. In: Anai, Y.; Ogawa, K.; Mori, H. (Eds.): Symbiosis of Human and Artifact. Proceedings of the 6th International Conference on Human-Computer-Interaction, Tokio, Japan, 9.-14. July 1995, Volume 2. Amsterdam: Elsevier, S. 899 - 906, 1995.

12 Anhang

12.1 Inhaltsverzeichnis der rechnergestützten Gestaltungsvorgaben (GUI Online Styleguide)

12.2 Fragenkatalog zur Beschreibung eines Dialogelements

Der nachfolgende Fragenkatalog dient zur lückenlosen Beschreibung eines Dialogelements:

Merkmal des Dialogelements	Fragestellungen / Erläuterungen
1. Beschreibung des Dialogelements	Kurze Beschreibung des Dialogelements, um dem Benutzer der rechnergestützten Gestaltungsvorgaben ein Bild über das Dialogelement zu geben.
2. Anwendungszweck des Dialogelements	Was soll mit dem Dialogelement bewirkt werden? Sollen Daten dargestellt werden? Wenn ja, wie? Sollen Daten selektiert werden? Sollen Daten manipuliert werden? Wenn ja, in welcher Art? Sollen Funktionen ausgelöst werden? Sollen Optionen gesetzt werden?
	Wenn Daten dargestellt werden, welchen Typs sind die Daten (Text, Grafik, Ton etc.)? Werden nur einzelne Daten oder ganze Datenbereiche dargestellt?
	Ist das Dialogelement an einen bestimmten Fenstertyp gebunden?
	Wie kann das Dialogelement zu anderen ähnlichen Dialogelementen abgegrenzt werden?
3. Layout des Dialogelements	Hat das Dialogelement eine bestimmte Grundform (Rechteck, Kreis, Matrix, Vektor etc.)?
	Ist das Dialogelement eine Variante eines anderen Dialogelements? Wenn ja, von welchem und worin besteht die Variante?
	Hat das Dialogelement eine Beschriftung? Wenn ja, wo wird diese angebracht?
	Hat das Dialogelement eine bestimmte Hintergrundfarbe?
	Hat das Dialogelement eine bestimmte Schriftfarbe?
	Hat das Dialogelement eine bestimmte Rahmenfarbe?
	Hat das Dialogelement einen bestimmten Rahmenstil?
	Hat das Dialogelement eine bestimmte Mindestgröße?
	Gibt es Zustände, bei denen sich das Layout des Dialogelements ändert (z. B. Dialogelement aktiv oder passiv, Datenelemente sind selektiert, Datenelemente sind nicht selektierbar etc.)? Wenn ja, wie ändert sich das Layout?
	Wie sieht das Dialogelement aus, wenn es den Tastaturfokus besitzt?
	Hat das Dialogelement eine Defaulteinstellung? Wenn ja, welche?
4. Interaktion mit dem Dialogelement	Kann mit dem Dialogelement interagiert werden?
	Gibt es bei der Interaktion Wechselwirkungen zu anderen Dialogelementen?
4.1 Navigation	Ist es möglich, innerhalb des Dialogelements zwischen verschiedenen Bereichen zu navigieren?

4.1.1 Navigation mit Zeigeinstrument	Wie erhält das Dialogelement den Tastaturfokus mit Hilfe des Zeigeinstruments? Wenn es möglich ist, zwischen verschiedenen Bereichen des Dialogelements zu navigieren, wie wird dies mit dem Zeigeinstrument bewerkstelligt?
4.1.2 Navigation mit Tastatur	Wie erhält das Dialogelement den Tastaturfokus mit Hilfe der Tastatur? Wenn es möglich ist, zwischen verschiedenen Bereichen des Dialogelements zu navigieren, wie wird dies mit der Tastatur bewerkstelligt?
4.2 Selektion	Werden im Dialogelement Daten dargestellt? Können diese Daten selektiert werden? Welche der folgenden Selektionsarten können durchgeführt werden? - Ausschließlich Einfachselektion? - Nullselektion? - Mehrfachselektion? - Bereichsselektion? - Zusammenhängende Bereiche? - Nicht zusammenhängende Bereiche? - spezielle Bereiche (Zeilen, Spalten)?
4.2.1 Selektion mit Zeigeinstrument	Wie können die aufgeführten Selektionsarten mit dem Zeigeinstrument durchgeführt werden?
4.2.2 Selektion mit Tastatur	Wie können die aufgeführten Selektionsarten mit der Tastatur durchgeführt werden?
4.3 Aktivierung	Gibt es bei dem Dialogelement einen aktiven und passiven Zustand? Können mit dem Dialogelement Funktionen aktiviert werden? Wenn ja, welche Funktionen und auf welche Daten werden diese Funktionen angewendet?
4.3.1 Aktivierung mit Zeigeinstrument	Wie wird das Dialogelement mit Hilfe des Zeigeinstruments in den aktiven Zustand überführt? Wie werden mittels Zeigeinstrument die Funktionen aktiviert?
4.3.2 Aktivierung mit Tastatur	Wie wird das Dialogelement mit Hilfe der Tastatur in den aktiven Zustand überführt? Wie werden mittels Tastatur die Funktionen aktiviert?
5. Grafik des Dialogelements	Die Grafik beschreibt anschaulich die visuelle Ausprägung des Dialogelements
6. Interaktives Beispiel des Dialogelements	Das interaktive Beispiel kann eingesetzt werden, wenn die Gestaltungsvorgaben als elektronisches Buch dargestellt wird. Das interaktive Beispiel beschreibt anschaulich sowohl die visuelle Ausprägung des Dialogelements als auch das Verhalten des Dialogelements in der Interaktion mit dem Benutzer.

Tab. 12.1: Fragenkatalog zur Beschreibung eines Dialogelements

12.3 Struktur eines Informationsknotens in den rechnergestützten Gestaltungsvorgaben (GUI Online Styleguide)

Informationstyp	Inhalt
Überschrift	**Menüleiste**
Einführung	Die **Menüleiste** ist das Hauptmenü einer Anwendung. Sie ist ein unmittelbar unterhalb des Titelbalkens eines Fensters angeordnetes Auswahlfeld. Sie enthält übergeordnete Begriffe für die möglichen Arbeitsobjekte und Aktionen. Durch Aktivierung einer Auswahloption in der Menüleiste werden in einem zugehörigen Pull-Down-Menü weitere Auswahloptionen angezeigt.
Aufruf für Grafik	✏ Beispiel einer Menüleiste
Muß-Regel	☒ Die Menüleiste ist zu jedem Zeitpunkt innerhalb der Anwendung vollständig sichtbar.
Hinweis	i Hinweis: In Ausnahmefällen kann die Menüleiste vorübergehend von einem Dialogfenster überdeckt sein, wenn dadurch wichtige Daten des Hauptfensters sichtbar bleiben.
Muß-Regel	☒ Jeder Menüleisteneintrag hat ein zugeordnetes Pull-Down-Menü.
Soll-Regel	☐ Die Menüleisteneinträge sollten sich innerhalb einer Anwendung nicht wesentlich verändern.
Interaktive Querverweise	Weitere Informationen zum Thema Menüleiste siehe auch: Inhalt der Menüleiste (siehe S. 35) Layout der Menüleiste (siehe S. 36) Interaktion in Menüleisten (siehe S. 38)

12.4 Verfügbare Absatz- und Zeichenformate im interaktiven Dokumentationssystem IDS

Die Absatz- und Zeichenformate sind im interaktiven Dokumentationssystem IDS gegenüber herkömmlichen Textverarbeitungssystemen eingeschränkt:

Zeichenformate:

plain

strong

emphasized

`variable`

`keyboard`

`tty`

Footsize

Headsize

$X^{superscript}$

$X_{subscript}$

Absatzformate:

Standard

Überschrift 1...9

- Liste 1
  - Liste 2
    - Liste 3

Display 1

Display 2

Display 3

`Teletype`

12.5 Übersicht über die implementierten Dialogbausteine

Kategorie / Grundtyp	Variante	Bezeichner
Einstieg		
Anmelden	-	DBS_Anmelden
Anwendung - Hauptfenster	-	DBS_Anwendung
Ordner	-	DBS_Ordner
Auswahl		
Einfache Listensicht	-	DBS_ListeEinfach1
	mit Listen- statt Tabellen-widget	DBS_ListeEinfach2
	mit Filter	DBS_ListeEinfach3
	mit zwei abhängigen Tabellen	DBS_ListeEinfach4
Filtern	-	DBS_Filtern
Öffnen	-	DBS_Oeffnen1
	mit Radiobuttons zur Typwahl	DBS_Oeffnen2
	mit Liste zur Typwahl	DBS_Oeffnen3
Verzweigen	-	DBS_Verzweigen
Bearbeitung		
Detailsicht	-	DBS_Details1
	mit Pushbuttons zum Blättern von Datensätzen	DBS_Details2
	mit Notebook	DBS_Details3
	mit Notebook und Pushbuttons zum Blättern von Datensätzen	DBS_Details4
	mit Liste zur Darstellung von 1-zu-N-Beziehungen	DBS_DetailsListe
Erweiterte Listensicht	-	DBS_ListeErweitert1
	mit Filter	DBS_ListeErweitert2
	mit zwei abhängigen Tabellen	DBS_ListeErweitert3
Vorgang	-	DBS_Vorgang
Meldung		
Information	-	DBS_Information
Warnung	-	DBS_Warnung
	Speichern	DBS_Speichern
	Löschen	DBS_Loeschen
Status	-	DBS_Status

Lebenslauf

Name:	Rolf Ilg
Geburtsdatum:	12. Februar 1953 in Riedlingen
Schulische Ausbildung:	
1960 - 1964	Grundschule Ravensburg
1964 - 1972	Johannes-Kepler-Gymnasium Reutlingen Abschluß Abitur
Berufliche Ausbildung:	
1974 - 1977	Studium der Luft- und Raumfahrttechnik an der Universität Stuttgart
1977 - 1981	Studium des Maschinenbaus an der Technischen Hochschule Darmstadt Abschluß Dipl.-Ing.
Berufliche Laufbahn:	
1981 - 1982	Werkvertrag am Fraunhofer-Institut für Arbeitswirtschaft und Organisation (IAO), Stuttgart
1982 - 1983	Wissenschaftlicher Mitarbeiter am Institut für Industrielle Fertigung und Fabrikbetrieb (IFF) der Universität Stuttgart
1983 - 1991	Wissenschaftlicher Mitarbeiter am Fraunhofer-Institut für Arbeitswirtschaft und Organisation (IAO), Stuttgart
ab 1991	Wissenschaftlicher Mitarbeiter am Institut für Arbeitswissenschaft und Technologie- management (IAT) der Universität Stuttgart